高等职业教育数字媒体类专业规划教材

基于案例的虚拟现实开发教程

汪 萍　陈 娟　范国锋◎主　编
蔡金凤　黄梅娟　朱 雷　耿瑞冰　江 宏◎副主编
曾照香◎主　审

内 容 简 介

本书紧扣企业用人标准和"1+X"证书考核标准（即双标准制），以德育为先，将思政元素、职业道德、岗位素养与专业理论及技术有机结合，以安徽省教育厅主办的 B 类赛事（安徽省机器人大赛之子赛项——安徽省数字媒体创新设计赛）为依托，将大赛历年优秀作品中应用于各领域的项目作为案例汇集于其中，并对开发全流程、开发要素、岗位间技术衔接规范等内容进行详细介绍。

本书适合作为高职高专院校虚拟现实技术应用专业、数字媒体技术专业及各类社会培训学校的教材，也可作为广大初、中级虚拟现实开发者的自学参考书。

图书在版编目（CIP）数据

基于案例的虚拟现实开发教程 / 汪萍，陈娟，范国锋主编. —北京：中国铁道出版社有限公司，2022.1（2024.11 重印）
高等职业教育数字媒体类专业规划教材
ISBN 978-7-113-28650-7

Ⅰ.①基… Ⅱ.①汪… ②陈… ③范… Ⅲ.①虚拟现实－程序设计－高等职业教育－教材 Ⅳ.① TP391.98

中国版本图书馆 CIP 数据核字 (2021) 第 266787 号

书　　名：**基于案例的虚拟现实开发教程**
作　　者：汪　萍　陈　娟　范国锋

策　　划：刘梦珂　汪　敏　　　　　编辑部电话：（010）51873135
责任编辑：江　敏　许　璐
封面设计：郑春鹏
责任校对：焦桂荣
责任印制：赵星辰

出版发行：中国铁道出版社有限公司（100054，北京市西城区右安门西街 8 号）
网　　址：https://www.tdpress.com/51eds
印　　刷：三河市宏盛印务有限公司
版　　次：2022 年 1 月第 1 版　2024 年 11 月第 2 次印刷
开　　本：850 mm×1 168 mm 1/16　印张：17.25　字数：404 千
书　　号：ISBN 978-7-113-28650-7
定　　价：46.00 元

版权所有　侵权必究

凡购买铁道版图书，如有印制质量问题，请与本社教材图书营销部联系调换。电话：（010）63550836
打击盗版举报电话：（010）63549461

高等职业教育数字媒体类专业规划教材

编审委员会

主　任：胡学钢　　合肥工业大学
副主任：王　浩　　合肥工业大学
秘书长：汪　萍　　安徽新闻出版职业技术学院
委　员：（按姓氏笔画排序）
　　　　史金成　　铜陵学院
　　　　朱正国　　安徽城市管理职业学院
　　　　朱晓彦　　安徽工业经济职业技术学院
　　　　庄　彪　　合肥泰格网络技术有限公司
　　　　阮进军　　安徽商贸职业技术学院
　　　　李京文　　安徽职业技术学院
　　　　杨　勇　　安徽大学
　　　　吴其林　　巢湖学院
　　　　邹汪平　　池州职业技术学院
　　　　张成叔　　安徽财贸职业学院
　　　　陈　磊　　淮南师范学院
　　　　范生万　　安徽工商职业学院
　　　　罗耀东　　安徽艺术学院
　　　　章炳林　　合肥职业技术学院
　　　　蒋诗泉　　铜陵学院
　　　　蔡金凤　　内蒙古化工职业学院
　　　　翟玉峰　　中国铁道出版社有限公司

序

互联网带来了全球数字化信息传播的革命。以互联网作为信息互动传播载体的数字媒体已成为继语言、文字和电子技术之后最新的信息载体。数字电视、数字图像、数字音乐、数字动漫、网络广告、数字摄影摄像、数字虚拟现实等基于互联网的新技术的开发，创造了全新的艺术样式和信息传播方式，如丰富多彩的网络流媒体广告、多媒体电子出版物、虚拟音乐会、虚拟画廊和艺术博物馆、交互式小说、网上购物、虚拟逼真的三维空间网站以及正在发展中的数字电视广播等。数字媒体时代的到来催生了研发和应用人才的需求。

为了有效推进和深化应用型、职业型教育数字媒体类课程教学改革，进一步改善应用型与职业教育数字媒体类课程教学质量，推动和促进数字媒体等技术的发展与创新，提高在校大学生运用数字媒体技术解决实际问题的综合能力，中国铁道出版社有限公司依托安徽省大学生数字媒体创新设计大赛，联合一批省内专家规划了这套"高等职业教育数字媒体类专业规划教材"。本套教材有以下几个方面值得推荐：

1. 依托安徽省教育厅主办的"数字媒体创新设计赛"已经形成的优势和基础

大赛侧重四维的要求，即主题维、表现维、传播维、团队维。主题维方面，以体现"大美中国，美好家园"主题的数字媒体作品为载体，重点突出"美丽中国，魅力中国，绿色中国，和谐中国，创新中国"；表现维方面，强调对数字媒体技术的有效应用；传播维方面，要求符合当前传播媒体的规范；团队维方面，要求促进创作团队建设，构建可持续发展的基础力量。

几年来的竞赛成果表明，我们的愿景得到了有效实现。竞赛活动激发了全省在校大学生对数字媒体知识和技能的学习兴趣和潜能，促进了优秀人文与数字媒体相融合，加快了在校大学生运用数字媒体技术解决实际问题的综合能力的提升。借助竞赛促进各单位数字媒体创新设计赛的团队建设，为数字媒体创新设计的人才培养和教材建设提供有力的支撑。

2．教材建设的指导原则

在广大参与高校的共同努力下，我们探索了相应的教材建设方案。

（1）"大"处着眼：高质量、高水平；瞄准高水平人才培养；瞄准未来教材建设、课程建设评优、评奖；促进相关教师从教材建设、课程建设、教材应用等方面获益；促进竞赛水平的不断发展。

（2）"优"处着手：借助优势条件，推进教材、教学资源的建设，以及相应的教材应用。

（3）教材立体化：从目前将要出版的几种教材来看，各种数字化建设都在配套开展，部分教学实践已经在同步进行，且对一线教师提供了完整的教学资源，整体呈现出在教材建设上的一个跨越式发展态势，必将为新时期的人才培养大目标做出可预期的贡献。

（4）探索未来：不断完善教材建设模式，适应科技发展对人才培养的需要。

3．有机融入课程思政元素

课程思政以立德树人为教育目的，体现了立足中国大地办大学的新的课程观。本套教材有机地融入课程思政元素，通过选取合适的案例和内容并有机地融入教材，体现家国情怀和使命担当，引导学生树立正确的人生观和价值观。

非常高兴的是，本套教材的作者大都是教学与科研两方面的带头人，具有高学历、高职称，更是具有教学研究情怀的一线实践者。他们设计教学过程，创新教学环境，实践教学改革，将理念、经验与结果呈现在教材中。更重要的是，在这个分享的时代，教材编写组开展了多种形式的多校协同建设，采用更大的样本做教改探索，提高了研究的科学性和资源的覆盖面，必将被更多的一线教师所接受。

在当今数字理念日益普及的形势下，与之配合的教育模式以及相关的诸多建设都还在探索阶段，教材无疑是一个重要的落地抓手。本套教材就是数字媒体教学方面很好的实践方案，既继承了"互联网+"的指导思想，又融合了数字化思维，同时支持了在线开放模式，其内容前瞻、体系灵活、资源丰富，是值得关注的一套好教材。

2021年8月

前言

自虚拟现实技术出现以来，国家高度重视，2020—2021年我国出台了一系列虚拟现实相关政策，以加快虚拟现实在我国各领域的深度应用。2021年，我国大部分省市也相继出台了许多关于虚拟现实应用的相关政策，应用领域包含文化传媒、工业制造、智慧城市等。本书以安徽省教育厅主办的B类赛事（安徽省机器人大赛之子赛项——安徽省数字媒体创新设计赛）为依托，将大赛历年应用于各领域的优秀作品作为案例汇集于其中，对开发全流程、开发要素、完整项目开发时岗位间的技术衔接规范等内容进行详细的介绍，辅以技术难点的解析和微课资源，以德育为先，以学生发展为中心，将德育融入书中各章节，推进落实"三全育人"综合改革工作。

本书的主要特色：

1. **德育为先**：本书每一章节均融入了思政元素，将思政元素、职业道德、岗位素养与专业理论及技术进行了有机的整合。

2. **双标准制**：贯彻职业教育理念，紧扣企业用人标准和"1+X"证书考核标准中涉及的知识技术要点，各章节均有对应的提示与解析。

3. **反哺教学**：书中的案例源于企业应用于各行各业的真实项目和大赛的优秀作品，经整理、打磨和技术点的解析，反哺于教学。

4. **项目开发全流程**：以理论为铺垫，基于项目开发全流程，以岗位间技术衔接规范为要素，分篇、分章节进行解析，由浅入深、从易到难，循序渐进地对虚拟现实项目开发进行全面的论述。

5. **汇集经典与精髓**：本书汇集了编写团队多年"以赛促教、以赛促改、以赛促学"的大赛指导经验和教学精髓，案例实战篇选用的均为应用于各行各业的真实典型案例。

6. **检验修订再出版**：本书以校内讲义的形式经各参编院校多轮的教学测试、人才培养反馈及专家多轮论证后，进行修订和完善，再汇编为教材。

7. **配套线上微课及案例资源**：所有章节均匹配在线的微课教学资源和配套案例资源，

让学生不受时间和空间的限制，可随时随地轻松、直观地学习。

8．持续生命力：本团队将持续修订、完善线上资源和教材内容，紧扣时代所需和行业所需，实时跟进"1+X"职业技能证书考核等多方面标准，使本书具有较强的"生命繁衍力"，读者购买一次将获得终身资源（包括不断修订与完善的线上资源和内容）使用权。

编写思路及内容导读：

本书分3篇，共10章，以基础理论讲解为指导，结合典型实例制作的形式，由浅入深、从易到难，循序渐进地对虚拟现实项目开发进行全面的论述。特别是对虚拟现实项目开发所涉及的所有岗位及岗位间的衔接进行了详细的讲解。内容从虚拟现实的概念、软硬件、技术原理到开发流程，再到岗位衔接所需的技术规范，最后到综合案例的开发，涉及案例操作的内容，均分步骤展示其操作过程，并配以图文和网络微课资源辅助学习。读者可不受时间和空间的限制，随时随地的学习相关内容，学生学习更轻松、更直观。微课及案例资源可登录：http://edu.teachf.com:8080/Courses.ashx?sbjid=424观看和下载。

具体课程内容和课时建议如下：

篇	内容特点	章	主要内容	课时建议
第一篇 综合概述篇	理论铺垫	第1章 虚拟现实概述	基本概念、技术原理及核心技术、主要应用领域、虚拟现实产业的发展历程及发展趋势	4
		第2章 虚拟现实硬件	虚拟现实输入设备、虚拟现实输出设备、虚拟现实建模设备	4
		第3章 开发流程	调研与策划、功能设计、模型与贴图、导入Unity、交互与发布	4
第二篇 开发要素篇	基于开发全流程，培养学生岗位技术衔接能力	第4章 开发工具	Photoshop、Maya、3D Max、开发引擎	4
		第5章 资源及环境配置	下载安装与注册、资源导入、组件、动画导入与设置、音频导入与设置、视频导入与设置	4
		第6章 美术设计	光照与渲染、地形系统、动画系统、物理系统、粒子系统、UI交互	12
		第7章 交互开发	C#脚本交互开发、可视化交互开发、开关、UI控制声音播放、暂停、停止和调节音量、物体移动、旋转、缩放和替换材质	8

续表

篇	内容特点	章	主要内容	课时建议
第三篇 案例实战篇	导入企业真实的生产性项目，培养学生综合项目开发能力	第8章 全景案例开发	全景案例开发基础、全景案例制作流程、全景照片后期处理、全景照片导入Unity、全景照片交互创建	8
		第9章 展示案例开发	方案规划、建模、贴图、动画、导入Unity、场景搭建、美术及特效设计、交互开发	12
		第10章 交互案例开发	方案规划、建模、贴图、动画、导入Unity、场景布置、美术及特效设计、交互开发	12

  本书以学生为中心，专门针对高等院校学生的学情编写，追求实用、够用、好用的效果，配备微课资源和案例资源，具有很强的实用性和可操作性。

  本书由汪萍、陈娟、范国锋任主编，由蔡金凤、黄梅娟、朱雷、耿瑞冰、江宏任副主编，全书由曾照香主审。具体编写分工如下：第1章由汪萍编写；第2章由蔡金凤编写；第3章由黄梅娟编写；第4、9章由范国锋编写；第5、7章由耿瑞冰编写；第6章由陈娟编写；第8章由朱雷编写；第10章由江宏编写。

  本书得以出版要感谢安徽省数字媒体创新设计赛组委会的支持和指导，感谢安徽艺术学院、安徽工商职业学院、安徽城市管理职业学院、安徽商贸职业学院、安徽新闻出版职业技术学院、内蒙古化工职业学院等院校教师的参与。最后对为本书提供行业真实案例支持的上海遥知信息技术有限公司及其他给予帮助的人员一并表示真挚的感谢！

  本书编写团队将持续跟进企业的岗位需求、用人要求，以及"1+X"职业技能证书考核等标准，不断修订和完善本书。由于编者水平有限，书中难免有疏漏与不妥之处，恳请读者批评指正。

编　者
2021年7月

目录

第一篇 综合概述篇

第1章 虚拟现实概述 2
1.1 基本概念 2
1.2 技术原理及核心技术 6
1.3 主要应用领域 8
1.4 虚拟现实产业的发展历程及发展趋势 10
小结 13
习题 13

第2章 虚拟现实硬件 14
2.1 虚拟现实输入设备 14
2.2 虚拟现实输出设备 17
2.3 虚拟现实建模设备 20
小结 23
习题 23

第3章 开发流程 24
3.1 调研与策划 24
3.2 功能设计 26
3.3 模型与贴图 28
3.4 导入Unity 29
3.5 交互与发布 31
小结 38
习题 38

第二篇 开发要素篇

第4章 开发工具 40
4.1 Photoshop 40
4.2 Maya 44
4.3 3ds Max 62
4.4 开发引擎 70
小结 75
习题 75

第5章 资源及环境配置 76
5.1 下载安装与注册 76
5.2 资源导入 80
5.3 组件 89
5.4 动画导入与设置 95
5.5 音频导入与设置 101
5.6 视频导入与设置 102
小结 103
习题 103

第6章 美术设计 104
6.1 光照与渲染 104
6.2 地形系统 109
6.3 动画系统 116
6.4 物理系统 119
6.5 粒子系统 124

6.6　UI交互系统 130
小结 142
习题 142

第7章　交互开发 143

7.1　C#脚本交互开发 143
7.2　可视化交互开发 162
7.3　开关 168
7.4　UI控制声音播放、暂停、
　　 停止和调节音量 170
7.5　物体移动、旋转、缩放和替换
　　 材质 172
小结 174
习题 174

第三篇　案例实战篇

第8章　全景案例开发 176

8.1　全景案例开发基础 176
8.2　全景案例制作流程 179
8.3　全景照片后期处理 179
8.4　全景照片导入Unity 190
8.5　全景照片交互创建 193
小结 200
习题 200

第9章　展示案例开发 201

9.1　方案规划 201
9.2　建模 202
9.3　贴图 205
9.4　动画制作 221
9.5　导入Unity 224
9.6　场景搭建 230
9.7　美术与特效设计 235
9.8　交互开发 239
小结 240
习题 240

第10章　交互案例开发 241

10.1　方案规划 241
10.2　建模 243
10.3　贴图 248
10.4　动画 252
10.5　导入Unity 253
10.6　场景搭建 257
10.7　美术及特效设计 259
10.8　交互开发 262
小结 263
习题 264

第一篇

综合概述篇

第 1 章 虚拟现实概述

学习目标：
- 了解虚拟现实技术的概念。
- 熟悉虚拟现实技术的特性。
- 掌握虚拟现实技术的原理。

科技总是在以人类无法想象的速度发展，飞速发展的科技给世界带来了相当大的震撼，使我们的工作、学习和生活发生了翻天覆地的变化。科技瞬息万变，以前只能在电影或电视里看到的虚拟现实技术现已应用于当下的多个领域。

提到"虚拟现实"，大多数人都会想到极具科技感和未来感的生活体验，如远程医疗、远程会议、远程虚拟课堂、远程协同作业和网络游戏等，曾经的畅想如今都一步步实现。而这些应用只不过是虚拟现实技术的冰山一角，虚拟现实技术可以应用到各行各业。

1.1 基本概念

1.1.1 虚拟现实

1. 基本概念

扫一扫
广义虚拟现实概述

虚拟现实（Virtual Reality，VR）最早于20世纪80年代由美国VPL公司的创始人之一杰伦·拉尼尔（Jaron Lanier）正式提出，在2009年2月，被美国工程院评为21世纪14项重大科学工程技术之一。

简单来讲，VR技术就是采用计算机图形技术生成逼真的视、听、触、嗅、味等各个感觉一体化的虚拟环境，借助特殊的输入/输出设备，使用户以第一人称视角身临其境地与虚拟世界的物体进行交流互动的过程。VR是一种可以创建和体验虚拟世界的计算机仿真系统，但会切断真实世界，看不见任何真实物理环境的场景。

VR涉及学科众多，应用领域广泛，系统种类繁杂，这是由其研究对象、研究目标和应用需求决定的。从不同角度出发，可对VR系统做出不同分类。虚拟现实按沉浸程度和交互方式，可大致分为：沉浸式虚拟现实系统（Immersive VR）、桌面式虚拟现实系统（Desktop VR）、增强式虚拟现实系统（Aggrandize VR）、分布式虚拟现实系统（Distributed VR）。按技术原理可分为：虚拟现实技术（Virtual Reality）、增强现实技术（Augmented Reality）、混合现实技术（Mixed Reality）。

2. 特征

1）沉浸性

沉浸性是虚拟现实技术最主要的特征，用户可以感受到自己成为计算机系统所创造环境中的一部分。当然，虚拟现实技术的沉浸性取决于用户的感知系统，当用户感知到虚拟世界的刺激时，如触觉、味觉、嗅觉、运动感知等，便会产生思维共鸣、心理沉浸的身临其境感。

2）交互性

交互性是指用户进入虚拟空间，相应的技术让使用者和环境产生相互作用，当使用者进行某种操作时，周围的环境也会做出某种反应。

3）多感知性

多感知性表示计算机技术应该拥有多方感知性，如视觉、听觉、触觉、嗅觉等。理想的虚拟现实技术应该具有一切人所具有的感知功能，但由于当前相关技术，特别是传感技术的有限性，目前大多数虚拟现实技术所具有的感知功能仅限于视觉、听觉、触觉、运动等。现今，国内唯一能支持嗅觉交互的是上海曼恒数字技术有限公司研发的置于肩颈上的穿戴式味盒，可支持24种气味的交互。

4）构想性

构想性也称想象性，强调虚拟现实技术应具有广阔的可想象空间，可拓宽人类认知范围，不仅可再现真实存在的环境，也可以随意构想客观不存在的甚至是不可能发生的环境。

5）自主性

自主性主要是指虚拟环境中物体依据开发者设定的物理属性，依据物理定律而自主产生动作的程度，如当受到力的推动时，物体会向力的方向移动，或翻倒，或从桌面落到地面等。

3. 原理

VR交互实现是利用宽视野立体显示技术，借助实时动作捕捉、跟踪定向技术，以及触觉、力觉、嗅觉反馈技术，通过手柄、语音或动作等传达指令来实现虚拟漫游与交互。它具有打破时空限制、多感知性还原场景、交互性高和沉浸性强等特点。其交互功能实现原理如图1-1所示。

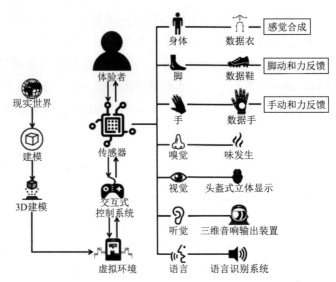

图1-1　VR交互功能实现原理图

1.1.2 增强现实

1. 基本概念

增强现实（Augmented Reality，AR）是一种基于计算机实时计算和多传感器融合，将计算机生成的文字、图像、三维模型、音乐、视频等虚拟信息模拟仿真后，应用到真实世界中。该技术通过对人的视觉、听觉、嗅觉、触觉等感受进行模拟和再输出，并将虚拟信息叠加到真实信息上，是将现实世界与虚拟信息结合起来的技术，给人提供超越真实世界感受的体验。

1968年，Sutherland制作了第一台头盔显示器，堪称头盔显示器的开山祖师。不过由于当时技术限制，该设备非常笨重，需要悬挂在房顶上使用。20世纪七八十年代，很多研究者坚持这项研究工作，直到20世纪90年代初期，"Augmented Reality"这个词汇才首次诞生，增强现实成为虚拟现实技术里一个独立的研究领域。

21世纪初，智能手机逐渐兴起，ARToolKit和Vuforia等基于图像的跟踪定位工具也相继推出，增强现实有了天然的开发载体和保障工具，视频式的增强现实得到迅速发展。2012年，谷歌发布了Google Glass，为增强现实的发展注入了新的活力。2014年3月26日，Facebook宣布将以约20亿美元的总价收购沉浸式虚拟现实技术公司Oculus VR，这极大地推动了虚拟现实产业的发展。

2. 特征

目前通用的一种定义是Azume在1997年提出的，他认为AR应该具有三个特征：

（1）虚实结合：即真实世界的信息和虚拟世界的信息同时显示出来，两种信息相互补充、叠加，用户可利用头盔显示器，把真实世界与计算机图形多重合成在一起，真实世界信息和虚拟世界信息"无缝"集成。

（2）实时交互：即真实的环境和虚拟的物体实时地叠加到同一个画面或空间，同时存在，然后把在现实世界能够体验到的视觉信息、声音、味道、触觉等通过计算机等科学技术，模拟仿真后叠加到虚拟世界里,被人类感官所感知,从而达到超越现实的感官体验。

(3)三维注册:即在三维尺度空间中增添虚拟物体的实时定位计算,使虚拟物体随着镜头的移动而发生实时位置的改变。

3. 原理

AR交互实现是通过手机或平板电脑的摄像头识别展品信息,然后系统调用数据库中对应的三维模型或内容,在显示终端生成三维影像,并通过三维注册定向技术在真实的三维世界进行实时定位,然后将调用的虚拟内容与真实世界叠加显示在手机、平板电脑或AR眼镜上。其系统实现原理如图1-2所示。

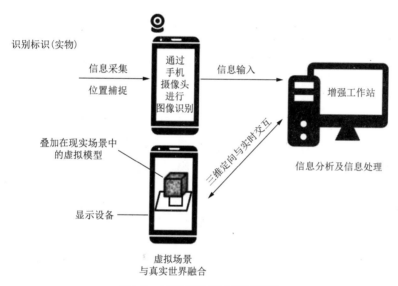

图1-2 AR交互功能实现原理图

1.1.3 混合现实

1. 基本概念

混合现实(Mixed Reality,MR)是VR和AR技术的进一步发展,是一组技术组合,将虚拟世界和真实世界无缝融合,即合并现实和虚拟世界从而产生新的可视化环境。在新的可视化环境里物理和数字对象共存,并实时交互,用户难以分辨真实世界与虚拟世界的边界。

在20世纪七八十年代,为了增强自身视觉效果,让眼睛在任何情境下都能够"看到"周围环境,Steve Mann设计出可穿戴智能硬件,这被看作对MR技术的初步探索。

从概念上来说,MR与AR更为接近,都是一半现实一半虚拟影像,但传统AR技术运用棱镜光学原理折射现实影像,视角不如VR视角大,清晰度也会受到影响。MR技术结合了VR与AR的优势,能够更好地将AR技术体现出来。

2. 特征

MR是AR技术的提升,是虚拟现实技术发展的方向,它的特性和AR非常相似,也是虚实结合、3D实时注册和实时运行。只是MR比AR看起来更真实，很难辨别哪些是虚拟的内容，哪些是真实的场景，即可实现虚实的无缝衔接。

3. 原理

混合现实交互是综合VR和AR子模块输出的技术和原理，叠加这两个模块的内容，基于3D实时注册算法进行空间实时定位，再加上代码可实现虚拟漫游与交互，最终输出为MR混合现实场景。其系统实现原理如图1-3所示。

VR、AR和MR三者关系非常密切，AR是VR技术的提升，MR是VR和AR技术的组合，具体关系如图1-4所示。

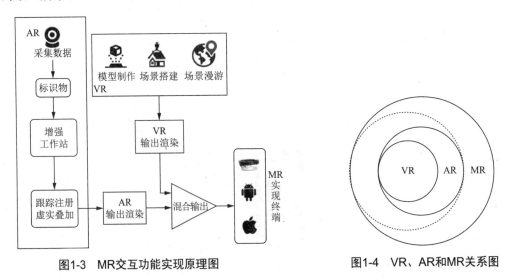

图1-3　MR交互功能实现原理图　　　　图1-4　VR、AR和MR关系图

1.2　技术原理及核心技术

1.2.1　虚拟现实技术原理

人由于两只眼睛所在的位置不同，在看世界时，左右眼得到的图像视角略有不同。这种差别能让我们产生景深感，即使得场景看起来具有立体感。VR技术基于这种视觉差别，将双眼设置不同的画面，从而让人感觉到眼镜里的所视场景具有立体性。它与3D观影效果不同，3D观影只是让人产生立体景深感，不能交互，只能被动地接收内容信息，而VR是720°全景交互，不但可以让人产生强烈的沉浸感和立体感，用户还可以深入场景内部，通过手势、语音、手柄或穿戴传感器等方式与虚拟世界进行交互。具体原理如图1-5所示。

基于人体视觉原理，通过计算机图形学技术产生的虚拟环境，每个物体相对于系统的坐标系都有一个独立的位置信息。用户进入场景也有自己动态的坐标信息，用户看到的景象是由用户的坐标位置和头（眼）的方向来确定的。具有头部运动跟踪功能的虚拟现实头盔可以实时计算出用户的头部动作，呈现出所应呈现的景象在用户视角前。如当用户移动时，虚拟世界中的景观就同步发生变化,当用户左右、上下或前后观看,虚拟现实头盔会实时识别具体动作和视角方向,同时硬件将及时渲染出用户视角所对应的场景。如此,当我们往左看时,就能看到左边的场景,往右看时,就能看到右边的场景,避免了场景不跟随我们目光移动的意外。

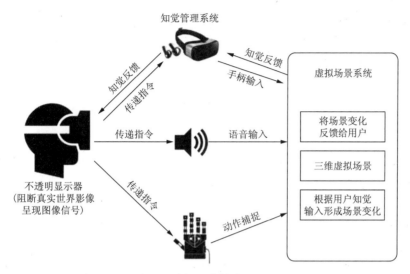

图1-5　虚拟现实技术原理图

1.2.2　虚拟现实核心技术

1．实时三维计算机图形技术

利用计算机模型产生图形图像的技术已经很成熟了,但是实时生成或显示就对算法和硬件要求较高。如应用于军事领域的飞行模拟作战系统中,飞机快速飞行,周围场景的实时变幻,子弹或弹药的实时生成,以及战火特效的实时现实。由于对图像质量要求较高,再加上非常复杂的虚拟环境,这时实时三维计算机图形技术就相当重要了。

2．虚拟场景显示技术

人们看周围的世界时,由于两只眼睛的位置不同,得到的图像略有不同,这些图像在脑子里融合起来,就形成了一个关于周围世界的整体景象,这个景象中包括了距离远近的信息。当然,距离信息也可以通过其他方法获得,例如眼睛焦距的远近、物体大小的比较等。

在VR系统中,双目立体视觉是用不同图像分别显示在不同的显示器上,从而产生立体感。而采用单个显示器的系统原理是,一只眼镜里只有奇数帧图像,另一只眼镜里只有偶数帧图像,奇、偶帧之间的视差就产生了立体感。

3．头部追踪技术

用户(头、眼)跟踪:在人造环境中,每个物体相对于系统的坐标系都有一个位置与姿态,用户也是,所以用户看到的景象是由用户的位置和头(眼)的方向来确定的。用户不仅可以通过双目立体视觉去认识环境,而且可以通过头部的运动去观察环境,这样当我们在现实世界中移动,虚拟现实世界中的我们也就能同样地移动。

4．眼球追踪技术

眼球追踪技术是通过追踪我们的瞳孔实现的，算法能够根据我们注视的景物来变换景深，从而带来沉浸式体验。其原理是：眼球追踪技术可以根据眼睛所看点的景深变化来识别眼球所看位置坐标。也正因为眼球追踪技术可以获知人眼的真实注视点，从而得到虚拟物体上视点位置的景深。所以，眼球追踪技术被大部分VR从业者认为将成为解决虚拟现实头盔眩晕病问题的一个重要技术突破。

5．声音技术

人之所以能很好地判定声源的方向，是因为声音到达两只耳朵的时间或距离不同，在水平方向上，我们通过声音的相位差及强度差可以判断声音的方向。常见的立体声效果就是靠左右耳听到在不同位置录制的不同声音来实现的，所以会有声音的方向感。现实生活里，当头部转动时，听到的声音的方向就会改变。但目前在VR系统中，声音的方向和强弱与用户头部的运动无关，当然也可以通过代码和声音区域设定来实现。

6．感觉反馈技术

在一个VR系统中，用户可以看到一个虚拟的杯子，你可以抓住它，但是你的手没有真正触摸杯子的感觉，并有可能会穿过虚拟杯子的"表面"，而这在现实生活中是不可能存在的。解决这一问题的常用方法是，给杯子加上碰撞体，在交互手套内层安装一些可以震动的触点来模拟触觉。

7．语音技术

在VR系统中，语音的输入/输出很重要，语音识别也是人机实时交互方式中的一种。而语音识别就是将人类语音中的词汇内容转换为计算机可读、可识别的输入信息，从而通过脚本控制触发其他功能的开启。

8．手势跟踪技术

在一体式移动VR头显上实现手势跟踪技术与移动场景进行交互是一件可行的事情。使用手势跟踪作为交互大致可以分为两种方式：

一种是使用光学跟踪。光学跟踪相对使用门槛低，场景灵活，用户不需要在手上穿脱设备。但是其缺点在于视场受限，以及使用手势跟踪会比较累、不直观、没有反馈，这需要良好的交互设计才能弥补。

另一种是数据手套。一般在手套上集成了惯性传感器来跟踪用户的手指乃至整个手臂的运动。它没有视场限制，而且完全可以在设备上集成反馈机制，如震动、按钮和触摸。但其使用门槛较高，如果要解决穿戴不方便的问题，可以设计类似于指环这样的高度集成和简化的数据手套，用户可以随身携带，随时使用。

1.3 主要应用领域

1．在医疗中的应用

医学专家们利用计算机在虚拟空间模拟出人体组织和器官，让学生在其中进行模拟操作，并且能让学生感受到手术刀切入人体肌肉组织、触碰到骨头的感觉，使学生能够更快地掌握手术要领。

主刀医生在手术前可以建立一个病人身体的虚拟模型，在虚拟空间中先进行一次手术预演，这样可以用更形象的方式与家属进行术前谈话和风险告知，让家属能够直观地了解手术详情，这样也能够大大地提高手术的成功率，让更多的病人得以痊愈。

2．在军事上的应用

由于虚拟现实的立体感和真实感，在军事方面，人们可将地图上的山川地貌、海洋湖泊等数据通过计算机进行编写，利用虚拟现实技术，能将原本平面的地图变成一幅三维立体的地形图，再通过全息技术将其投影出来，这更有助于进行军事演习等训练，提高军事战斗力。

3．在影视娱乐中的应用

近年来，虚拟现实技术在影视业中常用于大型场景的搭建和特效的制作。此外，随着虚拟现实技术的不断创新，虚拟现实技术在游戏领域也得到了快速发展。虚拟现实技术是利用计算机产生的三维虚拟空间，而三维游戏刚好建立在此技术之上。三维游戏几乎包含了虚拟现实的全部技术，使得游戏在保持实时性和交互性的同时，也大幅提升了游戏的真实感。

4．在教育中的应用

如今，虚拟现实技术已经成为促进教育发展的一种新型教育手段。传统的教育只是一味地给学生灌输知识，而利用虚拟现实技术可以帮助学生打造生动、逼真的学习环境，使学生通过真实感受来增强记忆，相比于被动性灌输，利用虚拟现实技术来进行自主学习更容易让学生接受，这种方式更容易激发学生的学习兴趣。此外，各大院校以及中小学校，为了辅助教学还建立了与学科相关的虚拟实验室来帮助学生更好地学习。

5．在设计领域的应用

设计师可以将自己的想法通过虚拟现实技术呈现。例如在室内设计方面，人们可以利用虚拟现实技术把室内结构、房屋外形通过虚拟技术表现出来，使之变成可以看得见的物体和环境，这样既节省了时间又降低了成本。

6．在航空航天方面的应用

由于航空航天是一项耗资巨大，非常烦琐的工程，利用虚拟现实技术和计算机的统计模拟，可在虚拟空间中模拟现实中的航天飞机与飞行环境，使飞行员在虚拟空间中进行飞行训练和实验操作，极大地降低了实验经费和实验的危险系数。

7．在旅游方面的应用

在旅游旺季，很多旅游景点的人流量远远超出了可接待能力，其次，对于一些身体不适，不便于旅行又想观赏一下大美河山景观的人们而言，这个时候可以通过虚拟现实三维建模技术或全景漫游技术来模拟再现景点的景观。

8．在城市规划领域的应用

在城市规划中经常会用到VR技术，用VR技术不仅能十分直观地表现虚拟的城市环境，而且能很好地模拟各种天气情况下的城市。VR技术通过物理属性设置，可以模拟排水系统、供电系统、道路交通、沟渠湖泊等的承载量，而且还能模拟飓风、火灾、水灾、地震等自然灾害的突发情况，在政府的城市规划工作中起到了举足轻重的作用。

9．文物保护

利用图片识别技术、三维建模技术及数据库技术可以实现文物的修复，将湮灭于历史长河中的古建筑"复原"，给人们逼真的沉浸式体验感。

10．房地产

近几年在房地产的表现和应用推广方面，VR虚拟现实技术被应用得越来越多。用VR虚拟技术不仅可以十分完美地表现整个小区的环境、设施，还能表现不存在但即将建成的区域。此外，购房者还能通过虚拟现实技术在虚拟环境中任意漫游，这大大刺激了购房者的感受。

11．工业

VR技术在工业上主要运用于工业园模拟、机床模拟操作、设备管理、虚拟装配、工控仿真等。

AR、VR、MR是密不可分的，针对不同的行业、不同的问题，采用不同的技术手段，找到最契合的结合方式才能促进更多行业的发展。在技术不成熟的阶段，将3种交互技术相互结合才能达到更好的效果。

1.4　虚拟现实产业的发展历程及发展趋势

1.4.1　发展历程

1．虚拟现实思想萌发阶段（1963年以前）

1929年，Edward Link设计出用于训练飞行员的模拟器。1956年，摄影师Morton Heilig开发出多通道集成体感装置的3D互动终端Sensorama。1961年，飞歌公司研发的世界上第一款头戴显示器Headsight问世，它融合了CCTV监视系统及头部追踪功能，主要用于隐秘信息查看，属于非娱乐设备，如图1-6所示。

2．虚拟现实技术探索阶段（1963—1973年）

1965年，美国科学家Ivan Sutherland发表论文*Ultimate Display*（终极的显示），提出：观察者不是通过屏幕来观看计算机生成的虚拟世界，而是生成一种使观察者沉浸并与之互动的环境，这是VR技术探索的里程碑。1968年，麻省理工学院实验室研发的头戴显示器Sword of Damocles（达摩克利斯之剑），其设计非常复杂，组件也非常沉重，所以需要一个机械臂吊住头戴来使用（见图1-7）。1972年，Nolan Bushell开发出第一个交互式电子游戏Pong。1973年，Myron Krueger提出了"Artificial Reality"，这是早期出现的虚拟现实的专有词汇，这个词语反映出当时VR技术发展中人的因素所起到的重要作用。

图1-6 Headsight

图1-7 Sword of Damocles(达摩克利斯之剑)

3. 虚拟现实技术的系统化应用及概念的产生阶段(1974—1989年)

经前两个阶段的理论铺垫与技术积累,到这一时期,VR技术不再局限于在实验室中进行单个的实验设备研究,研究人员开始将设备进行系列的整合,从视、触、听、感等多方面尝试VR环境的构建,此阶段开始形成虚拟现实技术的基本概念。这一时期出现了两个比较典型的虚拟现实系统——SP VIDEOPLACE 与 VIEW 系统。

20世纪70年代中期,Myron Krueger研发出VIDEOPLACE系统。它主要侧重环境的构建,通过摄像机、投影仪等硬件可构建一个虚拟的人工环境,使用者进入环境后无须借助其他虚拟设备就可直接感受虚拟现实情境,并实现人与场景的交互,VIDEOPLACE的思想主要就是虚拟场景的构建。1977年,Dan Sandin等研制出数据手套Sayre Glove。

20世纪80年代初,美国军方DARPA(Defense Advanced Research Projects Agency)开发了虚拟战场系统SIMNET,第一次将虚拟场景理念应用于军事训练中,通过这个系统可为坦克编队作战提供全新的训练方式,以最安全的形式实现军队作战能力的提升。

美国国家航空航天局及美国国防部为了进行火星的探测而开发了一个图形工作站VIEW系统(虚拟交互世界工作站),人们将火星上收集的数据输入VIEW系统中,结合已知火星的相关数据构建虚拟的火星表面环境,从而为进一步的研究提供参考。

这一时期围绕这两个VR技术开发的方向诞生了大量科研成果。1984年,第一款商业虚拟现实设备RB2问世(见图1-8),其设计与目前主流产品已经非常相似,并且配有体感追踪手套,可实现操作,但其最低单价高达50 000美元。同年,VPL公司的Jaron Lanier首次提出"虚拟现实"的概念。1987年,Jim Humphries设计了双目全方位监视器(BOOM)的最早原型。1989年,美国Jam Lanier正式提出"Virtual Reality"(虚拟现实)一词,简称VR,为VR技术的下一步发展指明了前进的方向。

4. 理论进一步完善和VR技术高速发展阶段(1990年至今)

1990年,人们提出VR技术包括三维图形生成技术、多传感器交互技术和高分辨率显示技术。VPL公司开发出第一套传感手套"DataGloves",第一套HMD"EyePhones"。1992年,Sense8公司开发了"WTK"开发包,将设备硬件的许多操作融为一个完整的工具集,为VR技术提供了更高层次的应用。许多针对VR技术开发的高级语言、应用软件随着网络的发展而迅速产生,VR开发标准也日益完善。2014年,Facebook以20亿美元收购了Oculus,引爆了VR商业化进程,研发了系列VR眼镜,早期代表有Oculus Rift(见图1-9)。2014年以后,在资本与产品共振影响下，VR产业以迅雷不及掩耳之势发展成为学术界、工业界、投资界目前最重要的主题之一。截至当前，虚拟现实技术已开始在医学、军事、房地产、设计、考古、艺术、娱乐等诸多领域得到了广泛的应用，带来了巨大的社会效应和经济效益。

图1-8 RB2

图1-9 Oculus Rift

1.4.2 发展趋势

自第一代软硬件计算平台——PC诞生，到当前已发展了70多年，已逐步成熟。第二代软硬件计算平台——移动手持终端发展不过短短十几年，已实现高度普及。作为下一代运算平台的VR、AR和MR，从普及到成熟只会更迅速。所以VR技术只要突破技术上的限制，凭借VR本身的特性，将会以更快的速度在全球普及，那时，VR的未来才算真正到来。

自2020年初，5G通信技术的普及应用和新冠肺炎疫情背景下的"非接触式"经济新需求为虚拟现实产业发展带来了新的发展机遇。虚拟现实、增强现实技术在支撑服务智慧医疗、疫情防控、加快企业复工复产、强化服务保障、提高抗疫效率中发挥了积极作用。未来几年，虚拟现实产业的关键技术将不断突破，各行各业的应用解决方案供给将更为丰富，产业投资热情将进一步高涨，虚拟现实产业将进入稳步发展期。未来产业的发展趋势如下：

（1）虚拟现实终端出货量与市场规模稳步增长，AR一体式设备出货量增速显著，不同终端形态间的融通性增强。受新冠肺炎疫情及宏观经济形势影响，据IDC统计，2020年全球虚拟现实终端出货量约为630万台，VR、AR终端出货量占比分别为90%、10%，预计2024年终端出货量超7 500万台，其中AR占比升至55%，2020—2024年五年期间，虚拟现实出货量增速约为86%，其中VR、AR增速分别为56%、188%，预计2023年AR终端出货量有望超过VR。

（2）AR与内容应用成为首要的市场增长点，据IDC等机构统计，2020年全球虚拟现实市场规模约为900亿元，其中VR市场620亿元，AR市场280亿元。预计2020—2024年五年期间全球虚拟现实产业规模年均增长率约为54%，其中VR增速约为45%，AR增速约为66%。

（3）AR内容应用方面，聚焦文化娱乐、教育培训、工业生产、医疗健康、商贸创意等领域，呈现出"虚拟现实+"大众与行业应用融合创新的特点。商贸创意可有效提升客流量与成交率，主要包括地产、电商、时尚等细分场景，工业生产与医疗健康应用目前开始逐渐向产品设计、生产制作或临床诊疗等更为核心的业务领域拓展；内容生产方面，主要涉及面向虚拟现实的操作系统、开发引擎、SDK、API等开发环境/工具，以及全景相机、3D扫描仪、光场采集设备等音视频采集系统。

（4）我国积极推动虚拟现实产业发展。国务院从"十三五"规划开始把虚拟现实视为构建现代信息技术和产业生态体系的重要新兴产业,在"新一代人工智能发展规划"中将虚拟现实智能建模技术列入"新一代人工智能关键共性技术体系"。

小　结

本章分别从VR、AR和MR的基本概念、特性和原理,到开发实现需要的核心技术,以及主要应用领域等进行了详细的讲解,最后对虚拟现实产业的发展趋势进行了预测。

习　题

1. 请分别解析VR、AR和MR的概念和特性,并绘制其交互原理简图。
2. 请列出虚拟现实技术实现所需的核心技术。
3. 列出几项虚拟现实技术所应用的主要领域。

第 2 章　虚拟现实硬件

学习目标：
- 了解虚拟现实系统的硬件种类。
- 了解虚拟现实输入和输出设备的概念和作用。
- 掌握虚拟现实建模设备的功能及用途。

正如同平面图形的交互在不同场景下有着不同的方式，虚拟现实同样不会存在一种通用的交互手段，同时由于虚拟现实的多维特点注定了它的交互要比平面交互拥有更加丰富的交互形式，目前，虚拟现实交互设备仍在探索和研究中，与各种新科技的结合将会使虚拟现实交互产生无限的可能。

在本章中我们将会全面地了解虚拟现实的概念和目前市面上常用的虚拟现实设备，我们将会学习虚拟现实的种类和各类型设备的特点。

2.1　虚拟现实输入设备

1. 数据手套

数据手套是虚拟仿真中最常用的交互工具，如图2-1所示。使用者通过手指的活动来实现与虚拟场景相互作用，数据手套是一种多模式的虚拟现实硬件，通过软件编程，可进行虚拟场景中物体的抓取、移动、旋转等动作，也可以利用它的多模式性来控制场景漫游。

数据手套设有弯曲传感器，弯曲传感器由柔性电路板、力敏元件、弹性封装材料组成，通过导线连接至信号处理电路；在柔性电路板上至少设有两根导线，以力敏材料包覆柔性电路板大部分表面，再在力敏材料上包覆一层弹性封装材料，柔性电路板留一端在外，以导线与外电路连接。把人手姿态准确实时地传递给虚拟环境，而且能够把与虚拟物体的接触信息反馈给操作者，使操作者以更加直接、更加自然、更加有效的方式与虚拟世界进行交互，大大增强了互动性和沉浸感。使用者可借助数据手套等设备来操纵虚拟场景中的对象，数据手套中装有许多光纤传感器,能够感知手指关节的弯曲状态。

数据手套的出现,为虚拟现实系统提供了一种全新的交互手段,目前的产品已经能够检测手指的弯曲,并利用磁定位传感器来精确地定位出手在三维空间中的位置。这种结合手指弯曲度测试和空间定位测试的数据手套被称为"真实手套",可以为用户提供一种非常真实自然的三维交互手段。在虚拟装配和医疗手术模拟中,数据手套是不可缺少的虚拟现实硬件的一个组成部分。

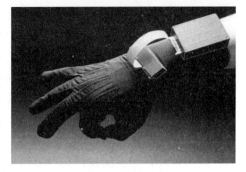

图2-1 数据手套

2. 动作捕捉系统

动作捕捉技术(Motion capture,简称Mocap),涉及尺寸测量、物理空间里物体的定位及方位测定等方面可以由计算机直接理解处理的数据。在运动物体的关键部位设置跟踪器,由Motion capture系统捕捉跟踪器位置,再经过计算机处理后得到三维空间坐标的数据。当数据被计算机识别后,可以应用在虚拟现实、动画制作、步态分析、生物力学、人机工程等领域。

在虚拟现实领域,使用者需要获得完全的沉浸感才能进入真正的虚拟世界,动作捕捉系统是必须的,目前专门针对VR的动作捕捉系统,主要分为以下三大主类:基于计算机视觉的动作捕捉系统(光学式非标定)、基于马克点的光学动作捕捉系统(光学式标定)和基于惯性传感器的动作捕捉系统(惯性式)。

1)基于计算机视觉的动作捕捉系统

该类动作捕捉系统比较有代表性的产品分别有捕捉身体动作的Kinect、捕捉手势的Leap Motion和识别表情及手势的RealSense。

该类动作捕捉系统是基于计算机视觉原理,由多个高速相机从不同角度对目标特征点的监视和跟踪来进行动作捕捉的技术。理论上对于空间中的任意一个点,只要它能同时为两部相机所见,就可以确定这一时刻该点在空间中的位置。当相机以足够高的速率连续拍摄时,从图像序列中就可以得到该点的运动轨迹。这类系统采集传感器通常都是光学相机,以二维图像特征或三维形状特征提取的关节信息作为探测目标。

基于计算机视觉的动作捕捉系统进行人体动作捕捉和识别,可以利用少量摄像机对监测区域的多目标进行监控,精度较高;同时,被监测对象不需要穿戴任何设备,约束性小。

然而,采用视觉进行人体姿态捕捉会受到外界环境很大的影响,如光照条件、背景、遮挡物和摄像机质量等,在火灾现场、矿井内等非可视环境中该方法则完全失效。另外,由于视觉域的限制,使用者的运动空间被限制在摄像机的视觉范围内,降低了实用性。

2)基于马克点的光学动作捕捉系统

这类系统中具有代表性的是美国的Motion Analysis。该类系统的原理是在运动物体关键部位(如人体的关节处等)粘贴Marker点,多个动作捕捉相机从不同角度实时探测Marker点,数据实时传输至数据处理工作站,根据三角测量原理精确计算Marker点的空间坐标,再从生物运动学原理出发解算出骨骼的六自由度运动。该系统根据标记点发光技术不同还分为主动式和被动式光学动作捕捉系统。

基于马克点的光学动作捕捉系统采集的信号量大，空间解算算法复杂，其实时性与数据处理单元的运算速度和解算算法的复杂度有关。且该系统在捕捉对象运动时，肢体会遮挡标记点，另外，对光学装置的标定工作程序复杂，这些因素都导致该系统精度变低，价格也相对昂贵。

基于马克点的光学动作捕捉系统可以实现同时捕捉多目标。但在捕捉多目标时，目标间若产生遮挡，将影响捕捉系统精度甚至会丢失捕捉目标。

3）基于惯性传感器的动作捕捉系统

这类系统中代表性的产品有诺亦腾开发的Perception Neuron。

基于惯性传感器的动作捕捉系统（见图2-2）需要在身体的重要节点佩戴集成加速度计、陀螺仪和磁力计等惯性传感器设备，然后通过算法实现动作的捕捉。该系统由惯性器件和数据处理单元组成，数据处理单元利用惯性器件采集到的运动学信息，通过惯性导航原理即可完成运动目标的姿态角度测量。

基于惯性传感器的动作捕捉系统采集到的信号量少，便于实时完成姿态跟踪任务，解算得到的姿态信息范围大、灵敏度高、动态性能好，且惯性传感器体积小、便于佩戴、价格低廉。相比于上面提到的两种动作捕捉系统，基于惯性传感器的动作捕捉系统不会受到光照、背景等外界环境的干扰，又克服了摄像机监测区域受限的缺点，并可以实现多目标捕捉。

图2-2　基于惯性传感器的动捕系统

但是，由于测量噪声和游走误差等因素的影响，惯性传感器无法长时间地对人体姿态进行精确的跟踪。

3. 虚拟现实交互手柄

虚拟现实设备中目前广泛使用的交互硬件是手柄，手柄主要使用触觉反馈的交互模式，这里主要是振动和按钮反馈，这就是下面要提到的一大类虚拟现实手柄，目前三大VR厂商（Oculus、索尼、HTC）都不约而同地采用了虚拟现实手柄作为标准的交互模式，即两手分立的、六个自由度空间跟踪（三个转动自由度、三个平移自由度）的带按钮和振动反馈的手柄，这样的设备显然是用来进行一些高度特化的应用，目前正逐渐适用更加广阔的应用场景，如教育、医疗、工业、军事等。

1）HTC Vive控制器

HTC Vive控制器在设计上较为传统，分别集成了轨迹板、扳机键、控制按钮、菜单按钮、系统按钮、状态指示灯和一些位于控制器外环上的追踪传感器，如图2-3所示。Light House激光追踪系统所发出的激光通过匹配位于控制器外环内的24个传感器来实现控制器在虚拟世界中的定位。借此可以实现亚毫米级别的动作追踪，所以HTC Vive控制器在实际使用中体验效果非常好，可以精准地捕获控制器的运动。但是HTC Vive控制器的弊端是只能追踪到控制器的运动，不能捕捉使用者手部的动作，例如使用

图2-3　HTC Vive控制器图

者的手指动作,所以在交互手段上有一些单一,未来在对HTC Vive的升级中将会加入对手部的追踪。

2) Oculus Touch

Oculus Touch是Oculus Rift的动作捕捉手柄,如图2-4所示,配合空间定位系统使用,Oculus Touch采用了类似手环的设计,如图2-4所示,允许定位仪对使用者的手部进行追踪,同时手柄上的传感器也可以追踪手指运动,同时还为使用者带来便利的抓握方式。Oculus Touch除了空间定位和体感追踪功能外,还具备"电容传感电路"以及"接近感控制"两大科技,能够识别使用者大拇指、食指和中指的不同姿态,大大加强了交互体验。Oculus Touch手柄上配备有触发器、操纵杆以及易于操作的按钮,在互动方面要比HTC Vive的控制器更加多样化。通过手柄上的传感器,它可以感知使用者的手指动作,抬手、握拳、竖起大拇指,这些操作都可以在虚拟现实应用中实现,因此虚拟现实的沉浸感会更强。与Vive的控制器相比,Touch的体积不仅更小,控制器的重心也非常接近手部的自然重心。在移动和操纵控制器时,交互会比Vive控制器更加自然。Oculus Touch作为目前市面上唯一一款利用人体工学实现手势交互的硬件,使用感官更贴近真实生活,操控简单自然。

图2-4　Oculus Touch

2.2　虚拟现实输出设备

目前世界上有研究表示人类对客观世界的感知信息75%~80%来自视觉,我们看到的世界很大一部分影响了我们对世界的认知,对虚拟现实世界的判断第一步一般也是从视觉出发,所以显示设备可以说是虚拟现实设备中最为重要的,当前世界上已经出现了多种多样的虚拟现实显示设备。

2.2.1　外接式虚拟现实头显

外接式虚拟现实头显就是依靠外接计算机,让计算机作为运行和存储的"大脑",本身只具备和显示相关功能的设备。外接式头显是目前市面上技术含量最高、沉浸感最强、使用体验最佳的虚拟现实头显类型,如Oculus Rift、HTC Vive、PlayStation VR、3Glasse、蚁视VR头显、大朋VR头显、小派VR、PicoVR等都是外接式头显的代表作。

1. Oculus Rift

虚拟现实技术最近的一次爆发期开始于2014年3月Facebook(世界著名社交网络服务网站)宣布以20亿美元的价格收购虚拟现实设备Oculus Rift(见图2-5)的制造商Oculus,这一事件也是2014年轰动科技圈的大事之一,使得虚拟现实技术又一次出现在世人眼前。

Oculus Rift是一款改变世人对虚拟现实技术的思考和使用方式的产品,通过它人们可以用更低的价格体验到虚拟现实技术的魅力,可以说从Oculus Rift开始,VR技术开始进入人们的生活和工作。

这是一款虚拟现实显示器,能够使使用者身体感官中"视觉"的部分如同进入游戏中,向《黑客帝国》影片中所展示的技术迈出了第一步。Oculus Rift提供的虚拟现实体验,戴上后几乎没有"屏幕"这个概念,用户看到的是整个世界。设备支持方面,开发者已有Unity3D、Source引擎、虚幻4引擎提供官方开发支持。

2016年,Oculus Rift的消费者版本正式发售,与开发者版本相比,不管是硬件配置、外观还是功能都得到了全面升级。Oculus Rift的消费者版本采用了全新双OLED显示屏设计,整体分辨率为2 160像素×1 200像素,刷新率为90 fps,内置陀螺仪、加速度计、磁力计,搭配附送的红外摄像头,可实现360°的头部追踪,头显水平视角大于100°。消费者版的Oculus Rift重量很轻,同时在头盔内部添加了额外的通风系统,避免在激烈使用时出很多的汗。同时,搭配尼龙扣的皮质绑带也采用可调节设计,整体设计更加人性化。

因为其优秀的体验效果,Oculus Rift的消费者版本发售后很快便供不应求,经常处于严重缺货的状态。Oculus Rift目前还没有在我国进行销售,所以其在我国的使用率并不高,远低于我们下面要讲到的由HTC出品的HTC Vive。

2. HTC Vive

HTC Vive虚拟现实头显是由中国台湾宏达国际电子股份有限公司(简称宏达电,亦称HTC)生产的一款VR头显,如图2-6所示。

图2-5 Oculus Rift

图2-6 HTC Vive

2015年3月2日,巴塞罗那世界移动通信大会(Mobile World Congress,MWC)举行期间,HTC发布消息,HTC和Valve(维尔福软件公司,是一家开发电子游戏的公司,代表作品有《半条命》《反恐精英》《求生之路》《DOTA2》等)合作推出了一款VR头显(虚拟现实头戴式显示器)。HTC Vive通过以下三个部分给使用者提供沉浸式体验:一个头戴式显示器、两个单手持控制器(VR交互手柄)、一个能于空间内同时追踪显示器与控制器的定位系统(Light House)。HTC Vive头显单目镜分辨率为1 200像素×1 080像素,双目合并分辨率为2 160像素×1 200像素,大大降低了画面的颗粒感,并且近视者能在佩戴眼镜的同时戴上头显,即使没有佩戴眼镜,400°左右近视的人也能清楚地看到画面的细节。画面频率为90 Hz,实际体验虚拟现实几乎没有延迟,过程十分流畅。Light House采用的是Valve的专利,不需要借助摄像头,而是靠激光和光敏传感器来确定头显和控制器的位置,也就是说,HTC Vive允许使用者在一定范围内走动。这是它与另外两大外接式头显Oculus Rift和PS VR的最大区别。

HTC Vive的一大亮点就是Roomscale(房间规模)追踪技术可以让使用者在4.5 m×4.5 m的

空间内追踪到头部和手部的位置。正是这项技术的加入使Vive超越了Oculus Rift成为外接式头显的佼佼者。有了Roomscale技术，意味着使用者可以完全沉浸在一个封闭的空间里，不管是坐着还是站着都可以使用。HTC Vive内置了加速度计和陀螺仪，通过两个Ligth House与头盔上32个传感器互动，追踪头部的运动。HTC Vive的两个无线控制器使用起来要比Oculus Rift的控制器稍显笨拙，不过HTC Vive的控制器上配备了震动反馈以及压敏触摸板，在体验中，如虚拟场景中的物体抓取等交互，通过控制器的震动反馈大大增强了虚拟现实的沉浸感。

2.2.2　一体式虚拟现实头显

VR一体机（见图2-7）就是具备独立处理器的VR头显，不需要手机、计算机配合就能单独使用的VR头显，具备了独立运算、输入和输出功能，相当于集成了"智能手机+VR光学系统+传感器+体感手柄"，其主要优势是方便灵活，缺点是由于内核还是智能手机，所以往往性能不强。

与配置高端但价格昂贵的外接PC头盔、价格便宜但效果粗糙的VR手机盒子相比，在效果与价格之间取得了较好平衡的VR一体机受到越来越多使用者的青睐。而且，随着相关技术的不断改进和完善，VR一体机在不断提升产品性能、提高画面分辨率、丰富VR资源的同时，因为没有连接线的束缚，其愈发轻盈的设计也使得使用者佩戴起来更加轻便舒适，这也极大地缓解了之前使用者在VR体验上的痛苦。

当使用过需要连接各种数据传输线的外接式VR头显之后，HTC的这一款VR一体机Vive Focus除了一个头戴式设备、一个操控手柄之外再无其他，如图2-8所示。非常像智能手机与VR盒子组合起来的VR设备。

图2-7　VR一体机

图2-8　Vive Focus

但Vive Focus的体验效果明显不是手机+VR盒子所能比拟的。头戴设备内部包含九轴传感器、距离传感器和World-Scale六自由度（6DOF）追踪。头戴设备前段加入了两个摄像头作为追踪传感器来使用。Vive Focus不同于Vive，在没有外部定位器的情况下，正是这两个摄像头达成的Inside-Out定位方案来保障头显六自由度的定位。得益于头戴设备前端两个摄像头传感器，手柄识别反应非常迅速。在任何时候，只要按下控制手柄上的应用程序按钮，头戴设备就能迅速定位遥控器位置。

目前配备有空间位置追踪的VR一体机并不多，Oculus的Quest一体机也是其中佼佼者之一，相比较于Vive Focus，Oculus Quest的头显正面有四个广角传感器摄像头，实现空间位置追踪以及定位操控手柄，配套两个操控手柄，并且可以实现手部六自由度追踪，可以感受到与外接式头显控制器同样的效果，这点比Vive Focus的手柄控制器三自由度（3DOF）的追踪体验感要提高不少。

2.2.3 声音设备

大家对于3D电影、3D游戏等此类视觉效果上区别于传统2D的媒体形式都非常熟悉。严格来说，3D电影和3D游戏中所指的3D（Three Dimensional）概念是有所不同的：3D电影的特别之处在重放效果，观众戴着特制的眼镜在平面的银幕上看出了3D效果，实际上是荧幕欺骗了你的眼睛；而3D游戏则是在其构建的特别的空间环境中，游戏中的人物视角可以全方位地变化，但其呈现方式依然只是平面屏幕，因为你用的还是传统的显示器。而目前采用HMD（Head-Mounted Display，头戴式显示设备）方式的VR技术，则感觉像是3D电影和3D游戏的技术结合。因为VR音效与传统多媒体音效的不同，所以也需要特定的声音设备来进行播放，虚拟现实系统中的声音设备是指三维真实感声音的播放设备，它对于提高VR系统的沉浸感起着十分重要的作用。

目前虚拟现实系统中的声音设备大致分为以下三种：

（1）固定式虚拟现实声音设备：固定式声音输出设备即扬声器，允许多个用户同时听到声音，一般在投影式VR系统中使用。扬声器固定不变的特性使其易于产生世界参照系的音场，在虚拟世界中保持稳定，且用户使用起来活动性大。

扬声器与投影屏相结合存在的问题是它们之间会互相影响，如果扬声器放在屏幕后，声音会被阻碍；如果扬声器放在屏幕前，则会阻挡视觉显示。此外，扬声器可以与基于头部的立体显示设备相结合使用。在此种情况下，若视觉观察范围不足100%，可以把扬声器放在显示区域外，但这样又会给空间化3D声场的实现造成一定的困难。

（2）耳机式虚拟现实声音设备：相对于扬声器来说，耳机式声音设备虽然只能给单个用户使用，但却能更好地将用户与真实世界隔离开。同时，由于耳机是双声道的，因此比扬声器更易创建空间化的3D声场，提供更好的沉浸感。此外，耳机使用起来具有很大的移动性，如果用户需要在VR系统中频繁走动，显然使用耳机比使用扬声器更为适合。

（3）耳机式声音设备与头盔显示器结合使用：耳机式声音设备一般与头盔显示器结合使用。在默认情况下，耳机显示的是头部参照系的声音，在VR系统中必须跟踪用户头部、耳部的位置，并对声音进行相应的过滤，使得空间化信息能够表现出用户耳部的位置变化。因此，与普通戴着耳机听立体声不同的是，在VR系统中的音场应保持不变。

2.3 虚拟现实建模设备

2.3.1 三维扫描仪

三维扫描仪英文名称为3D scanner，是一种用于侦查并分析某立体结构物体的形状、构造等的科学检测仪器，如图2-9所示。其检测所得数据可用于该物体的三维重建，起初仅用于该物体的虚拟重建，随着3D打印机的逐步发展，也可将其用于该物体在现实生活中的重建，为此，3D扫描仪也得到了越来越广泛的应用。

总的来说，三维扫描仪可以分为接触式和非接触式两种。常见的白光扫描、蓝光扫描等光栅扫描仪和点激光扫描、线激光扫描、面激光扫描等激光扫描仪均属于非接触式三维扫描仪的范畴。不同技术构建而成的三维扫描仪也有不同的应用范围。例如，激光技术由于具有强穿透性使得激光三维扫描仪不适用于表面脆弱、易发生某种变化的物体，而光学技术由于较难处理闪亮使得光栅三维扫描仪不适用于表面为镜面的物体。

图2-9　三维扫描仪

1. 接触式扫描

接触式三维扫描仪通过实际触碰物体表面的方式计算深度，如坐标测量机（Coordinate Measuring Machine，CMM）即典型的接触式三维扫描仪。此方法相当精确，常被用于工程制造产业，然而因其在扫描过程中必须接触物体，待测物有遭到探针破坏损毁的可能，因此不适用于高价值对象（如古文物、遗迹等）的重建作业。此外，相较于其他方法，接触式扫描需要较长的时间，现今最快的坐标测量机每秒能完成数百次测量，而光学技术（如激光扫描）运作频率则高达每秒一万至五百万次。

虚拟现实建模设备

2. 非接触式扫描

非接触式扫描最常见的是通过光学扫描，从而得到产品扫描点数据的方法。非接触式扫描方式在采集数据时，扫描头通常不与被扫描物体产生接触，从而不会使零件产生变形，常见的光学扫描方法的工作原理通常有结构光测距法、激光三角法、激光干涉扫描法等。激光三维扫描仪，又名实景复制技术，其主要利用的是激光测距的原理，即通过对被测物体表面大量点的三维坐标、纹理、反射率等信息的采集，来对其线面体和三维模型等数据进行重建。该种方法精度高、性能好，在交通事故处理、土木工程、室内设计、数字城市、建筑监测、灾害评估、军事分析等诸多方面都存在应用，且其突破了传统的单点测量，使得扫描技术向面测量迈进。

非接触式扫描的优点：

（1）无须进行扫描头半径补偿。

（2）扫描速度快，不必逐点扫描，扫描面积大，数据较为完整。

（3）可以直接扫描材质较软以及不适合直接接触式扫描的物体，如橡胶、纸制品、工艺品、文物等。

2.3.2　3D打印机

三维立体打印机也称三维打印机（3D Printer，3DP）是快速成型（Rapid Prototyping，RP）的一种工艺，3D打印技术出现在20世纪90年代中期，实际上是利用光固化和纸层叠等技术的最新快速成型装置，如图2-10所示。3D打印是一种以数字模型文件为基础，运用粉末状金属或塑料等可黏合材料，通过逐层打印的方式来构造物体的技术。

过去其常在模具制造、工业设计等领域被用于制造模型，现正逐渐用于一些产品的直接制造。特别是一些高价值应用（如髋关节或牙齿，或一些飞机零部件）已经有使用这种技术打印而成的零部件，意味着"3D打印"这项技术的普及。

图2-10　3D打印机

3D打印技术最突出的优点是无须机械加工或任何模具，就能直接从计算机图形数据中生成任何形状的零件，从而极大地缩短产品的研制周期，提高生产率和降低生产成本。与传统技术相比，三维打印技术还拥有如下优势：

通过摒弃生产线而降低了成本，大幅减少了材料浪费。而且，它还可以制造出传统生产技术无法制造出的外形，让人们可以更有效地设计出飞机机翼或热交换器。另外，在具有良好设计概念和设计过程的情况下，三维打印技术还可以简化生产制造过程，快速有效又廉价地生产出单个物品。

另外，与机器制造出的零件相比，打印出来的产品的重量要轻60%，并且同样坚固。目前3D打印机的分辨率对大多数应用来说已经足够（在弯曲的表面可能会比较粗糙，像图像上的锯齿一样），要获得更高分辨率的物品可以通过如下方法：先用当前的3D打印机打出稍大一点的物体，再稍微经过表面打磨即可得到表面光滑的"高分辨率"物品。

有些技术可以同时使用多种材料进行打印。有些技术在打印的过程中还会用到支撑物，例如在打印一些有倒挂状的物体时就需要用到一些易于除去的东西（如可溶的东西）作为支撑物。

2.3.3　3D数码照相机

3D数码照相机是指可以用裸眼欣赏立体画像或动画的数码相机。3D数码照相机的诞生也就意味着人们不必使用专业眼镜，用肉眼就可以享受立体图像的效果。3D数码照相机一般装配有2个镜头，以便再现立体影像。

要把3D影像的原理简单化，我们可以做一个实验：两只手同时拿着笔或者筷子，闭上一只眼睛，仅用另一只眼睛，尝试将两只手中的笔或者筷子尖对到一起。你会发现完成这个动作要比想象的难。一只眼睛看到的物体是二维图像，利用物体提供的有关尺寸和重叠等视觉线索，可以判断位于背景前这些物体的前后排列次序，但是却无法知道它们之间究竟距离多远。好在人的视觉系统是基于两只眼睛的，水平排列的两只眼睛在看同一物体时，由于所处的角度又略微不同，所以看到的图像略微差别，这就是所谓的视差，大脑将这两幅画面综合在一起，自动合成分析，就形成一种深度的视觉。同时，大脑还能够根据接收到的两幅图像中，同一物体之间位差的大小，判断出物体的深度和远近：距离眼睛越远，位差就越小，反之就越大。这就是3D影像的基本原理。

另外，目前有技术实现手机外接3D镜头，将其改造成为3D摄相机，可实现图像与视频的三维数据采集，用于三维影像拍摄与直播。3D摄像机是指利用3D镜头制造的摄像机，通常具有两个摄像镜头以上，间距与人眼间距相近，能够拍摄出类似人眼所见的针对同一场景的不同图像，如图2-11所示。全息3D具有圆盘5镜头以上，通过圆点光栅成像或菱形光栅全息成像可全方位观看同一图像，可如亲临其境。

图2-11　3D摄像机

> **思政元素**：本章体现了创新是从无到有的发现与发明。创新就是想法可以不合逻辑，创新就是不要墨守成规，创新就是允许有模糊性，创新就是不要限制你的范围，创新就是甘愿做傻瓜，创新就是我有创造性。

小　结

VR讲究的是沉浸感、交互性和构想性。构想性的关键在内容设计，而沉浸感和交互性的关键在硬件实现。要想实现完美的沉浸式体验，就必须使用虚拟现实硬件设备在虚拟世界里去感知真实世界的景象。本章分别从虚拟现实输入设备、输出设备、建模设备三个方向介绍了虚拟现实设备的概念和特点，详细介绍了各种设备的核心技术以及目前市面上常用的虚拟现实头显和其他主要硬件设备。

习　题

1. 请分别解析虚拟现实输入设备、虚拟现实输出设备、虚拟现实建模设备的概念和特性。
2. 请列出动作捕捉设备的种类。
3. 请分别解析各种虚拟现实头显的特点。

第3章 开发流程

学习目标：
- 了解标准开发流程的概念。
- 熟悉标准开发流程的规则。
- 掌握标准开发流程的应用。

3.1 调研与策划

在虚拟现实项目开发的规划阶段，项目执行方需要进行项目需求的详细调研策划，来确定实施的目标，其目的是为了论证虚拟现实项目的可行性，了解所有的业务细节，并进行业务规划与系统匹配。

1. 需求调研的几种方式（见图3-1）

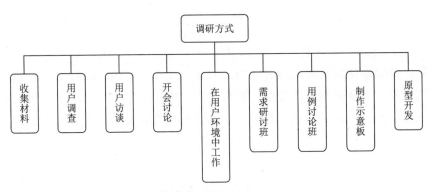

图3-1 调研方式示意图

（1）收集资料：收集客户相关文档资料，如公司概况、主要产品和业务，可以从客户官网、宣传手册等获取，也可以要求客户方提供。

（2）用户调查：使用设计好的用户调查表，以书面的形式收集用户需求。

（3）用户访谈：与用户面对面访谈，可以一对一或一对多，要求准备一个问题列表，用来获取有关用户问题和潜在解决方案的整体特征的信息。

（4）开会讨论：头脑风暴会议，对跨部门、跨岗位的业务，可以把相关人员召集到一起，提出对现在问题的理解和思考，对涉众提出的问题、愿望和潜在解决方案的建议。

（5）在用户环境中工作：需求收集人员在用户的实际环境中与用户共同工作一段时间，以更加深入地了解用户的问题、要求和应用环境。

（6）需求研讨班：将所有涉众集中到一起，进行一次深入的、有重点的会议，从项目涉众那里收集全面的"愿望列表"，并区分优先顺序。

（7）用例讨论班：一个有组织的集体讨论会议，用来确定系统的主角、边界、用例和事件流等用例相关内容。

（8）制作示意板：使用工具向用户说明系统如何适应组织的需求，系统如何运转。

（9）原型开发：开发软件系统的早期缩型，显示新系统的部分功能，以确定用户需要。

2. 生物质发酵产沼气工程化虚拟实验

1）思路重点

（1）通过虚拟仿真设计，体验清洁能源工程化、产品化、规模化的生产：实验将生态循环理念融入农业工程教学实践中，完成能源植物多层次梯级利用的过程。在厌氧条件下，以能源植物（富含淀粉、木质纤维素类）为原料，采用双酶法发酵产酒精、酒精废醪厌氧产沼气、沼气提纯生物天然气、沼液沼渣肥料化还田，从原料到生物质能源转化的工程化、从传统的一家一户沼气池过渡到大中型沼气工程的体验，降低因沼气易燃易爆引发的现场危险。

（2）通过虚拟仿真设计，缩减生物质能源生产开发的周期：从植物原料厌氧降解、生物质能转化、生物基产品检测等相关过程的工程参数，以及生物质资源能源化工程化的全过程，在实际运用中，整个过程生产周期一般为3～5个月，通过虚拟仿真设计，该过程将在3～5学时内完成，有效缩减该生产过程的周期。

（3）通过虚拟仿真设计，降低生物质能实验课程开设的成本：实验过程围绕产酒精发酵、厌氧消化、沼气提纯、沼液沼渣肥等一体化过程，整个生产流程所需要的设备均为标准化、产业化装备，在现有的实验室条件下几乎是不可能实现的。而虚拟仿真既能有效降低大型设备的成本，又能达到实验目的。

2）设计原则

（1）满足系统先进性与长期先进性的要求：

从总体架构、网络结构、安全设计和设备配置等方面保证系统的先进性，系统采用3D建模软件工具进行生物质能工程三维场景及装置设备建模，格式为.obj、.fbx，并使用全球应用非常广泛的实时内容开发平台Unity引擎进行实时3D互动内容的开发，保持系统中长期的先进性，以适应未来发展的需要。系统还将在保证先进性的同时，充分考虑学校对稳定性、安全性的高要求，将采用成熟、稳定的技术和产品，采用基于国际标准的软、硬件技术来实现。

（2）满足系统稳定性及兼容性要求：

系统在指定的硬件配置环境中具有较好的长期稳定性和可靠运行的能力，系统的接入不影响原有相关系统的正常运行，系统本身的升级和扩充尽量不影响系统的实时运行。系统在Windows 7、Windows 10等不同环境下均保证软件的正确性，不出现异常错误。

（3）满足系统可靠性要求：

系统具有较高的可靠性，提供各种故障的快速恢复机制。

（4）满足系统易用性与个性化要求：

系统各个功能界面操作应简单易用并易于管理，满足学校个性化要求。具体要求包括：软件操作简捷、人性化，普通操作人员要很容易操作；客户界面标准、整洁、美观；软件具有清晰的框架，对各模块做到功能分界明晰。

（5）满足系统规范化与标准化要求：

系统需求分析、系统设计、软件开发、系统建设、工程验收、售后服务及维护均应遵循规范的流程以保证系统质量，系统应遵循有关国际标准、国家标准和相关的行业标准。

（6）满足系统运行效率的要求：

在硬件达到最低配置要求的情况下，三维图形画面运行流畅，无卡、顿、拖影等现象。

（7）设备配置要求：系统可流畅运行于CPU不低于i5、内存不低于4 GB、拥有2 GB以上独立显卡的台式或笔记本式计算机上。

（8）系统性能指标：

① 安全性：能有效解决安全漏洞问题，同时要具有对开发中发现的安全漏洞进行进一步的改进和完善的功能，以确保系统安全、可靠，不具有、不传播恶性、破坏性、攻击性的程序代码，自身不易受到外部恶性程序攻击，不具有明显漏洞。

② 流畅性：确保系统展示时过程流畅，平滑连续，响应及时。

③ 易用性和友好性：系统内嵌提醒帮助机制，在各个子界面中，设计文本提示框等信息。软件采用面向对象设计，操作者通过对话框、菜单等简便的操作即可快速上手使用软件。UI界面设计有菜单栏、视图窗口、属性窗口、对话框等，满足虚拟实验管理和操作的需要。

3.2 功能设计

1．软件功能设计

软件功能设计是针对软件中某一具体的功能所进行的设计。包括这个功能的实现方式、实现的基本结构、类的组成、职责划分等，是软件设计中最重要的基本功之一。

2．功能设计在整个软件设计中的层次

软件设计的层次很多，不同的软件设计过程有不同的划分层次，大致可分为：架构设计、api/spi设计、数据库设计、功能设计、类设计、方法设计。

3．功能设计在整个软件设计中的地位

功能设计从属于详细设计，是整个系统功能实现的基石。

4．功能设计与设计模式的关系

功能设计通常会综合应用多种设计模式，是各种设计思想的具体体现。由于功能千变万化，因而要有较高的设计技巧和功力，才能设计出正确的、易用的、灵活的、扩展性高的高性

能实现。优秀的设计经验和设计理念会理解、掌握、融会贯通，并熟练应用各种既有的设计模式，对于功能设计是有极大帮助的。

5．功能设计与详细设计的关系

功能设计只是详细设计中的一部分，详细设计还包括很多其他的设计，如流程设计、对api/spi的完善和细化、对数据库设计的完善和细化、对多个功能交互的控制、事务的规划、权限/安全的规划、例外的控制等。

6．功能设计要考虑的标准

正确性、易用性、可扩展性、复杂性（易理解、开发难度等）、易维护、安全、性能、可重用、可测试等。

7．软件设计的实战方法

（1）基本的功能实现方式，并进行细化。

（2）分析每个步骤、每个细节中，哪些是可变的，哪些是不可变的。通常分析3个部分：数据的输入、具体实现、数据产出。

（3）分析每个细节功能和其他步骤的关系，如顺序、平行、依赖等，以确定这些职责的粒度和分离方式，从而考虑它们之间的组合方式，也需要分离这些组合方式的变与不变。

（4）根据前面分析的结果，进行相应的类和方法的设计，进行职责的划分，并通过合适的方式把他们组织起来。

（5）按照前面讲述的评价标准，进行系统的思考和调整，以形成最终的设计方案。

8．生物质发酵产沼气工程化虚拟实验

功能设计分为两个模块：教学模块、实验模块。功能设计思维脑图如图3-2所示。

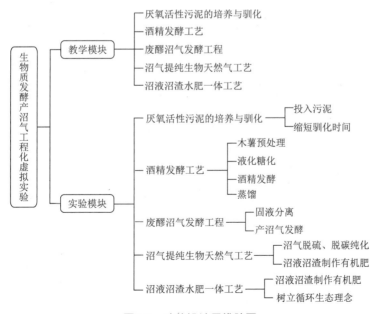

图3-2 功能设计思维脑图

（1）教学模块；

任务一：厌氧活性污泥的培养与驯化

任务二：酒精发酵工艺

任务三：废醪沼气发酵工程

任务四：沼气提纯生物天然气工艺

任务五：沼液沼渣水肥一体工艺

（2）实验模块；

任务一：厌氧活性污泥的培养与驯化

（1）投入污泥。

（2）缩短驯化时间。

任务二：酒精发酵工艺

（1）木薯预处理。

（2）液化糖化。

（3）酒精发酵。

（4）蒸馏。

任务三：废醪沼气发酵工程

（1）固液分离。

（2）产沼气发酵。

任务四：沼气提纯生物天然气工艺

（1）沼气脱硫、脱碳纯化。

（2）沼液沼渣制作有机肥。

任务五：沼液沼渣水肥一体工艺

（1）沼液沼渣制作有机肥。

（2）树立循环生态理念。

3.3　模型与贴图

3.3.1　使用Maya创建水杯模型

扫一扫
建模标准

（1）先绘制一个圆柱体。将圆柱属性的半径设置为4，高度设置为13，轴向细分设为20，端面细分设置为0，高度细分设置为8。

（2）右击模型，选择面模式。选择上端面之后，进入编辑网格，选择"挤出"命令，单击中间小方块，进行拖动挤出。选择缩小后的上端面，再次进行挤出操作。

（3）选择Y轴，向下推动，到大概杯底的合适位置。

（4）进入面模式，选择上下两块，如图3-3所示。选择"桥接"选项，设置平滑路径加曲线，分段设置为5，平滑角度设置为30°，进行应用。最终效果如图3-4所示。

图3-3 桥接示意图

图3-4 杯子效果图

3.3.2　3ds Max模型与贴图导出的注意事项

（1）以英语或拼音命名模型文件。

（2）"包含"选项中使用默认设置；如果模型带有动画，则需要勾选"动画"及"烘焙"。如果勾选变形选项，则主要是为了支持骨骼动画和融合变形动画。

（3）因为Unity中有摄像机和灯光，所以在导出的时候一般不勾选"摄像机"和"灯光"选项。

（4）嵌入的媒体是指模型所使用到的材质以及贴图，如果希望模型在导入Unity后带有材质贴图，则勾选此项。

（5）高级选项中，将fbx模型导出，需要设置单位为米后导出。

（6）因为Unity中的轴向是Y轴朝上，所以在导出时需要进行轴转化设置，设置为Y轴朝上。

扫一扫

模型导出设置

3.4　导入Unity

3.4.1　模型资源的导入

将项目开发过程中需要用到的模型、场景资源导入Unity，如厂房、消化池、发酵装置、蒸馏装置、固液分离机、UASB反应器、CSTR厌氧消化器、沼气脱硫塔、膜式沼气储气柜等。

模型资源的导入需要选中模型文件，将文件夹中的模型文件拖入Unity的Assets目录下，具体步骤如图3-5、图3-6所示。

图3-5　文件夹中的模型

图3-6　Unity中的Assets文件夹

3.4.2　UI资源的导入

UI资源的导入流程与模型导入流程一致，详情请见模型资源的导入。

在Unity中，图片一般可以分为两种：贴图（Texture）和精灵（Sprite）。我们可以简单地理解为3D（模型使用的）图片和2D（UI使用的）图片。

1. Texture

Texture一般作为3D模型上的贴图，需要有对应的材质球并关联到相应3D网格模型去使用。一般来说，Texture会是一个长宽像素都是2″的正方形，这也是大部分建模软件（如Maya）规定的POT（Power of Tow）。

不过并不是说非POT图片就不能使用，只是在Unity的压缩上会很吃亏，而且导入后Unity仍然会以POT方式去生成对应的图片。POT实际上可以是长方形，只要长宽都是POT就可以，但是大部分建模软件上都会使用正方形。

2. Sprite

Sprite一般作为UI上的图片，不会去制作对应的材质球。在UGUI上一般是拖动到相应的控件上即可。Sprite是一个资源导入的方式，一个资源导入后并非只能是单个Sprite，在Sprite Mode选项上可以选择Multiple去生成多个Sprite，不过需要在Sprite Editor选项上对图片进行切割。

Sprite一般对大小不会做限制，UI需要多大就用多大，但是Unity在压缩上对4的倍数分辨率的图片支持上会更好一点，所以在制作时可以对PS的画布大小进行适当调整。

3.4.3　音频资源的导入

音频资源的导入方式与模型资源的导入方式一致，详情请见模型资源的导入。其相关参数介绍如下：

Force To Mono：强制单声道，启用该选项，Unity将在打包之前把多声道音频混合成单声道。

Normalize：启用此选项后，音频将在"Force To Mono"混音过程中标准化处理。

Load In Background：后台加载，启用此选项，片段的加载将在单独的线程上延迟发生，而不会阻塞主线程。

Ambisonic：音频源以一种表示声场的格式存储音频，该声场可以根据听众的方位进行旋转。如果音频文件包含Ambisonic编码的音频，请启用此选项。

Load Type：加载方式。

Decompress On Load：在音频加载后马上解压缩。对较小的压缩声音使用此选项可以避免动态解压缩的性能开销，不过在加载时解压缩Vorbis编码的声音将使用大约十倍于内存的内存（对于ADPCM编码约为3.5倍），因此请勿对大文件使用此选项。

Compressed In Memory：将声音压缩在内存中并在播放时解压缩。此选项具有轻微的性能开销（特别是对于Ogg / Vorbis压缩文件），因此仅将其用于加载时解压缩将使用大量内存的较大的文件。 解压缩发生在混音器线程上，可以在探查器窗口的音频窗格中的"DSP CPU"部分进行监视。

Streming：动态解码声音。此方法使用最少量的内存来缓冲从磁盘中逐步读取并在运行中解码的压缩数据。解压缩发生在单独的流线程上，可以在Profiler窗口的音频窗格的"Streaming CPU"部分中监视其CPU使用情况。即使没有加载任何音频数据，Streaming的剪辑也有大约200 KB的消耗。

Preload Audio Data：预加载，如果启用，在加载场景时将预先加载音频剪辑；Streaming加载类型该选项不可用。

Compression Format：压缩格式。

PCM：此选项以较大的文件大小为代价提供了更高的质量，最适合于非常短的声音效果。

Vorbis：压缩后的文件较小，但与PCM音频相比质量较低。可通过"质量"滑块配置压缩量。此格式最适合中等长度的声音效果和音乐。

ADPCM：这种格式对于包含大量噪声且需要大量播放的声音非常有用，如脚步声、撞击声。其压缩比是PCM的3.5倍，而且CPU使用率远低于MP3、Vorbis格式，这使其成为上述类别声音的首选。

Sample Rate Setting：采样率设置。

Preserve Sample Rate：保留采样率，此设置使采样率保持不变。

Optimize Sample Rate：优化采样率，此设置根据所分析的最高频率内容自动优化采样率。

Override Sample Rate：覆盖采样率，此设置允许手动覆盖采样率，因此可以有效地用于丢弃频率内容。

Sample Rate：采样率，手动设置。

3.4.4 Unity包的导入

Unity包的导入方式与模型资源导入方式一致，详情请见模型资源的导入。

Unity包是共享和重用Unity项目和资产集合的便捷方式。例如，Unity标准资源和Unity资源存储上的项目是在包中提供的。包是来自Unity项目或项目元素的文件和数据的集合，它们被压缩并存储在一个文件中，类似于Zip文件。与Zip文件一样，包在解包时维护其原始目录结构，以及关于资产的元数据（如导入设置和到其他资产的链接）。在Unity中，菜单选项Export Package压缩并存储集合，而Import Package将集合解压缩到当前打开的Unity项目中。

> 注意：导入更改或升级的包会给出一个重新安装包的选项。如果选择了这个选项，Unity会在安装新版本之前先删除与包相关的现有资源。

3.5 交互与发布

3.5.1 模型动画交互

1. Animaor组件

想要在一个物体上播放动画，需要在这个物体上添加Animator组件，如图3-7所示。

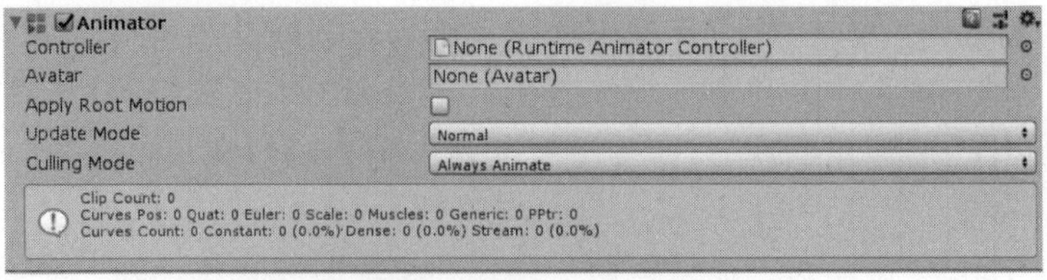

图3-7 Animator组件

Animator中有一个很重要的属性是Controller，这个属性引用了一种叫Animator Controller的资源，这种资源以文件的形式存储在工程中，文件内存储了动画的各种状态以及状态之间的切换规则。

- Avatar：设置使用的骨骼节点映射。
- Apply Root Motion：应用根节点运动。如果不启用，动画播放时根节点会保持在原地，需要通过脚本控制物体的移动。如果启用，动画中的运动会换算到根节点中，根节点会发生运动。通常用于人物/动物的运动动画。
- Update Mode：设置Animator更新的时机以及timescale的设置。
- Normal Animator：按正常的方式更新。
- Animate Physics Animator：按照物理系统的频率更新，适用于物理交互，例如角色加上了物理属性，可以推动周围的其他物体。
- Unscaled Time：根据Update调用更新，无视timescale，一般用于UI界面，当使用timescale暂停游戏时，界面保持正常动画。
- Culling Mode：裁剪模式。
- Always Animate：即使带有动画的物体在屏幕外被裁剪掉而没有被渲染到，也可以一直执行动画。
- Cull Update Transforms：当物体不可见时，禁用Retarget、IK、Transforms的更新。
- Cull Completely：当物体不可见时，完全禁用动画。

2．Animator Conroller

Animator Controller是Animator组件必须的资源，如图3-8所示，这种资源以文件的形式存储在工程中，文件内存储了动画的各种状态以及状态之间的切换规则。

通常一个物体上有不止一段动画，使用Animator Controller可以很容易地管理各段动画以及动画之间的切换。例如角色有走、跑、跳、蹲的动画，使用Animator Controller可以很容易地管理它们。不过，即使只有一段动画，仍然需要给动画物体添加Animator组件才能播放。

Animator Controller中使用了一种叫State Machine（状态机）的技术来管理状态之间的切换，如图3-9所示。

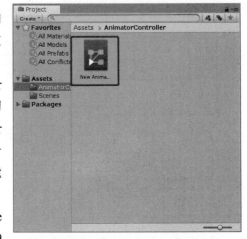

图3-8 Animator Controller

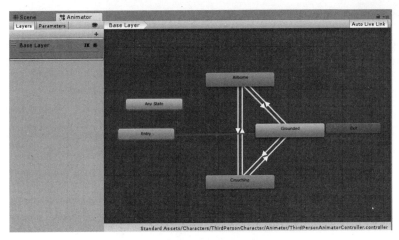

图3-9 状态机

状态机由State（状态）和Transition（转换）组成。State代表一个状态，在Animator Controller中一个State可以包含一段动画、一个子状态机或一个混合树。Transition用来设置状态之间的切换条件，一般会有一个或多个条件，用于从一个状态切换到另一个状态。在Animator窗口中，可以可视化看到State以及Transition。

创建Animator Controller资源有如下几种方式：

（1）在Unity中创建Animation Clip时，如果选中的GameObject上没有Animator组件，会自动添加Animator组件并在工程中创建一个Animator Controller文件。

（2）将任意Animation Clip拖到一个物体上时，如果拖到的物体上没有Animator组件，会自动添加Animator组件并在工程中创建一个Animator Controller文件。

（3）可以在Project窗口中手动创建Animator Controller文件，如图3-10所示。

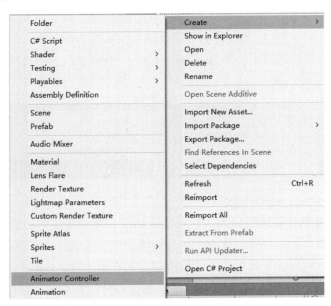

图3-10 创建Animator Controller面板

3. 编辑Animator Controller

双击Animator Controller文件，可以打开Animator窗口，编辑该文件。在Project窗口中直接创建Animator Controller时，其中不包含任何动画，如图3-11所示。

图3-11中包含三个节点：

（1）Entry：动画状态机会从这个节点开始，根据Transition进入一个默认State。

（2）Any State：用于从任意状态转换到特定状态。例如，射击类游戏中，如果被子弹打中后，不管当前处于什么状态，都会倒地死亡。

（3）Exit：一般用于嵌套的状态机的退出（在后面的动画进阶模块介绍）。

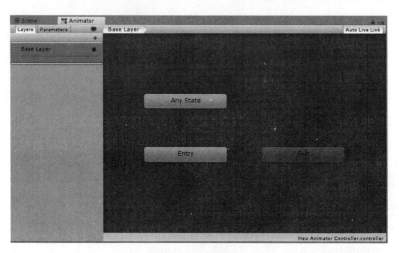

图3-11　状态机

4. 添加状态

可以在空白处右击添加Empty State，也可以将Animation Clip文件拖到Animator窗口中加一个State。

如果当前在Project窗口选中了一个Animation Clip，也可以通过图3-12中的From Selected Clip命令创建一个State。

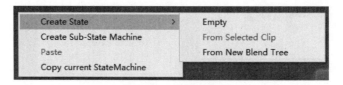

图3-12　添加状态

第一个创建的State默认是橘黄色的，代表默认状态。有一条黄色的箭头从Entry指向橘黄色的State，如图3-13所示。Animator组件会在一开始播放New State，如果New State中有动画，也会播放对应的动画。这时候如果播放这个场景的话，就会播放默认State的动画。

每个State可以包含一段Animation Clip，处于该State时，Animator组件所在的物体会播放该动画。选中一个State时，在Inspector中可看到图3-14所示内容。

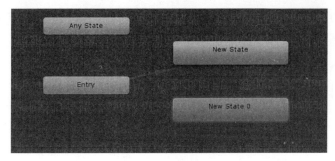

图3-13 状态机面板

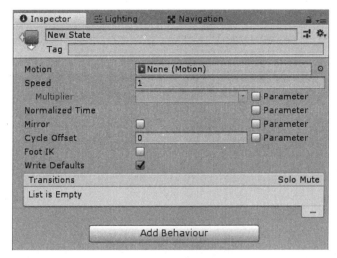

图3-14 State设置面板

- Motion：可以设置一个Animation Clip，如果是从Animation Clip创建的动画，这里应该已经有动画了，也可以从工程中选择动画。
- Speed：动画的播放速度。
- Multiplier：乘数，可以使用一个参数来控制动画的播放速度，动画最终的播放速度会是Speed * Multiplier。后面会讲解Animator的参数以及如何在代码中控制参数。
- Normalized Time：单位化时间，范围是0～1，需要使用参数控制。
- Mirror：镜像动画。也可以使用一个参数控制。
- Cycle Offset：循环偏移量。可以用来同步循环的动画。偏移量使用的是单位化时间，范围是0～1。也可以使用参数来控制。
- Foot IK：只用于人形动画。角色的脚是否使用反向动力学。
- Write Defaults：是否初始化该State没有用到的参数为默认值。
- Transitions：该状态参与的状态转换。
- Parameter：参数。

Animator Controller中的参数可以作为控制Transition切换的条件，也可以控制上面可以参数化的属性，如State中的几个属性，如图3-15、图3-16所示。

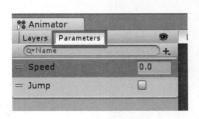

图3-15 状态机参数

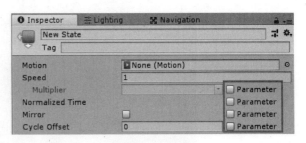

图3-16 参数面板

Animator Controller的参数可以通过代码进行控制，进而控制整个Animator状态机的运转。参数共有4种类型：

- Int：整数类型。
- Float：浮点数（小数）类型。
- Bool true或false：真或者假，用于逻辑判断，界面上显示为复选框。
- Trigger：触发器，与Bool有点类似，但是Transition在使用这个参数后会被自动设置为false状态。界面上显示为一个圆形按钮。

5. Transition

Transition代表状态之间的切换条件，一般会有一个或多个条件，用于从一个状态切换到另一个状态。

在一个State上右击，在弹出的快捷菜单中选择Make Transition，可以创建一个到其他State的Transition。

单击代表Transition的箭头，可以在Inspector上看到这条Transition的具体情况。选中Transition的源State（从哪个State出发），也可以在State的Inspector中看到这条Transition的具体信息，如图3-17所示。

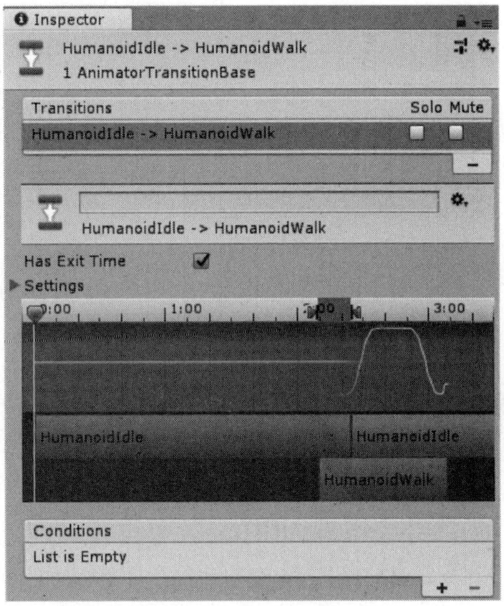

Transitions 显示当前选中的Transition。后面有两个复选框，分别为Solo和Mute。

- Solo：如果两个State之间有多条Transition，勾选这个选项后，只有选中Solo的Transition生效，其他Transition会被禁用，如图3-18所示。
- Mute：勾选这个选项后，该条Transition会被禁用。

图3-17 Transition

如果同时选中了Solo和Mute，Mute会优先生效。

- Name Field：名称框，可以给Transition命名，用于区分两个State之间的多个Transition时非常有用。
- Has Exit Time：是否有退出时间条件，如图3-19所示。退出时间是一种特殊的Transition条件，它没有依赖参数，而是根据设置的退出时间点作为条件进行状态转换。

图3-18 添加状态

图3-19 添加状态

6．Settings transition的一些参数设置

- Exit Time：如果勾选了Has Exit Time，该参数是可以设置的，设置动画退出的单位化时间。例如设置为0.75，代表动画播放到75%时为true，如果没有其他条件，会直接切换到下一个State。如果Exit Time小于1，那么State每次循环到对应位置的时候（不管动画是否设置为循环，State总是循环的），该条件都会为true，例如第一次播放到75%，第二次播放到75%时退出条件都会为true。如果Exit Time大于1，该条件只会检测一次。例如Exit Time为3.5，State的动画会在循环3次后，在播放到第4次的50%时为true。
- Fixed Duration：勾选时，下方Transition Duration参数的单位是秒，不勾选时，参数会作为一个百分比。
- Transition Duration：Transition的过渡时间。两个状态在转换时，一般不会瞬间从一个状态转换到另一个状态，而是会经过平滑混合，这个属性就是设置了平滑混合的时间。
- Transition Offset：目标状态开始播放的时间偏移。例如设置为0.5，则转换到下一个State时，会从50%的位置开始播放。
- Interruption Source和Ordered Interruption：这两个参数可以用来控制Transition的打断。

3.5.2 发布

1．Build Settings（生成设置）

选择"File>Build Settings"命令，如图3-20所示，弹出项目生成设置面板，如图3-21所示。

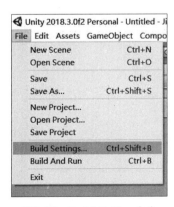

图3-20 Build Setting命令

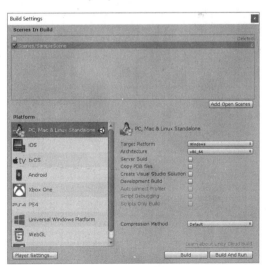

图3-21 设置面板

① 选择要发布到的平台。
② 添加要发布的场景。

2. Player Settings（详细设置，见图3-22）

Company Name：公司名称。
Product Name：产品名称（游戏名称）。
Default Icon：默认图标。

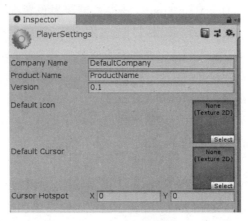

图3-22 详细设置

3. 成品文件介绍

一个 exe 可执行文件，一个 Data 数据文件夹，两个缺一不可，且不可分割。

小　　结

本章分别从虚拟现实项目的调研策划、功能设计、模型与贴图、导入Unity以及交互与发布等方面进行了详细的讲解，通过这样一套流程，我们可以实现从0到1的一个虚拟现实项目开发。

习　　题

1. 请简述功能设计的原理。
2. 请列出不同资源导入Unity的注意事项。
3. 在Unity中播放一个带有动画的模型并发布为可执行应用程序。

第二篇

开发要素篇

第 4 章 开发工具

学习目标：
- 了解虚拟现实开发常用工具。
- 认识Photoshop、3ds Max、Maya和Unity 3D界面和基本操作。

虚拟现实技术带领人们走入了虚拟世界，让人们在虚拟世界中完全沉浸。虚拟技术中的虚拟世界需要借助计算机工具对现实世界进行复原，需要先对现实世界中的事物（对象）进行模型制作，然后对还原出的对象进行渲染贴图，有时还需要对现实世界中运动的对象进行动画制作，最后导入引擎进行场景的排布，以及对虚拟世界中的对象进行交互制作。

本章将从虚拟世界的再现过程出发，介绍虚拟世界还原过程中用到的工具。

4.1 Photoshop

4.1.1 基本介绍

Photoshop软件简称PS，是Adobe公司旗下最为出名的图像处理软件之一，可跨平台操作使用。PS的图像处理是对已有的位图图像进行编辑加工处理以及运用一些特殊效果，其既可以对位图图像进行加工合成等工作，也可以制作简单的图形。

扫一扫
平面设计

PS软件应用领域广泛，主要有以下方面应用：

（1）平面设计。平面设计是Photoshop应用最为广泛的领域，无论是图书封面，还是招帖、海报，这些平面印刷品通常都需要Photoshop软件对图像进行处理。

（2）广告摄影。广告摄影作为一种对视觉要求非常严格的工作，其最终成品往往要经过Photoshop的修改才能得到满意的效果。

（3）影像创意。影像创意是Photoshop的特长，通过Photoshop的处理可以将不同的对象组合在一起，使图像发生变化。

（4）网页制作。网络的普及使得更多人需要掌握Photoshop，因为在制作网页时Photoshop是必不可少的网页图像处理软件。

（5）后期修饰。在制作建筑效果图（包括三维场景）时，人物与配景（包括场景的颜色）常常需要在Photoshop中增加并调整。

（6）视觉创意。视觉创意与设计是设计艺术的一个分支，此类设计通常没有非常明显的商业目的，但由于其为广大设计爱好者提供了广阔的设计空间，因此越来越多的设计爱好者开始学习Photoshop，并进行具有个人特色与风格的视觉创意。

（7）界面设计。界面设计是一个新兴的领域，受到越来越多的软件企业及开发者的重视。在当前还没有用于做界面设计的专业软件，因此绝大多数设计者使用的都是该软件。

4.1.2 界面介绍

Photoshop软件可对图像进行编辑、合成、校色调色及特殊效果制作等。

（1）图像编辑是图像处理的基础，可以对图像做各种变换，如放大、缩小、旋转、倾斜、镜像、透视等，也可进行复制、去除斑点、修补、修饰图像的残损等。

（2）图像合成则是将几幅图像通过图层操作、工具应用合成完整的能传达明确意义的图像，该软件提供的绘图工具让外来图像与创意很好地融合。

（3）校色调色可方便快捷地对图像的颜色进行明暗、色偏的调整和校正，也可在不同颜色进行切换以满足图像在不同领域（如网页设计、印刷、多媒体等）的应用。

（4）特效制作在该软件中主要由滤镜、通道及工具综合应用完成。包括图像的特效创意和特效字的制作，如油画、浮雕、石膏画、素描等常用的传统美术技巧都可藉由该软件特效完成。

PS界面组成如图4-1所示。

图4-1　Photoshop界面组成

- 菜单栏：菜单栏为整个环境下所有窗口提供菜单控制，包括文件、编辑、图像、图层、选择、滤镜、视图、窗口和帮助九项。Photoshop中通过两种方式执行所有命令，一是菜单，二是快捷键。

- 图像编辑窗口：中间窗口是图像窗口，它是Photoshop的主要工作区，用于显示图像文件。图像窗口带有自己的标题栏，提供了打开文件的基本信息，如文件名、缩放比例、颜色模式等。如同时打开两幅图像，可通过单击图像窗口进行切换。图像窗口切换可使用【Ctrl+Tab】组合键。
- 状态栏：主窗口底部是状态栏，包含文档相关信息、当前图像窗口的显示比例等内容，用户也可在此窗口中输入数值后按【Enter】键来改变显示比例。
- 文本行：说明当前所选工具和所进行操作的功能与作用等信息。
- 工具箱：工具箱中的工具可用来选择、绘画、编辑以及查看图像。拖动工具箱的标题栏，可移动工具箱；单击可选中工具或移动指针到该工具上，属性栏会显示该工具的属性。有些工具的右下角有一个小三角形符号，这表示在工具位置上存在一个工具组，其中包括若干个相关工具。
- 控制面板：共有14个面板，可通过"窗口>显示"命令来显示面板。按【Tab】键，自动隐藏命令面板、属性栏和工具箱，再次按键，显示以上组件；按【Shift+Tab】组合键，隐藏控制面板，保留工具箱。
- 绘图模式：使用形状或钢笔工具时，可以使用三种不同的模式进行绘制。在选定形状或钢笔工具时，可通过选择选项栏中的图标来选取一种模式。
- 形状图层：在单独的图层中创建形状。可以使用形状工具或钢笔工具来创建形状图层。因为可以方便地移动、对齐、分布形状图层以及调整其大小，所以形状图层非常适于为Web页创建图形。可以选择在一个图层上绘制多个形状。形状图层包含定义形状颜色的填充图层以及定义形状轮廓的链接矢量蒙版。形状轮廓是路径，它出现在"路径"面板中。

4.1.3　UI案例制作

（1）新建一个1 920像素×1 080像素的画布，如图4-2所示。
（2）使用矩形选框工具绘制背景，如图4-3所示。

图4-2　新建画布

图4-3　绘制背景

（3）按【Ctrl+R】组合键打开标尺，使用圆角矩形工具绘制形状，如图4-4所示。
（4）使用圆角矩形工具、椭圆工具绘制形状，如图4-5所示。

图4-4 绘制圆角矩形

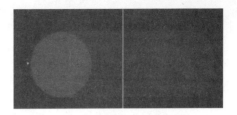
图4-5 绘制矩形和椭圆

（5）使用画笔，按住【Shift】键绘制图示形状，如图4-6所示。

（6）使用椭圆工具，按住【Alt+Shift】组合键画出一个正圆，在正圆上画上一个×，使用魔棒工具绘制形状，如图4-7所示。

（7）使用圆角矩形工具、椭圆工具绘制形状，如图4-8所示。

图4-6 绘制不规则图形　　图4-7 绘制镂空图形　　　　图4-8 绘制开关

（8）使用椭圆工具和画笔绘制如图4-9所示形状（使用画笔画√时需按住【Shift】键）。

（9）使用圆角矩形工具，同步骤（6）绘制图4-10所示形状。

（10）使用圆角矩形工具，画出一个圆角矩形，使用椭圆选框工具在中间挖出一个孔，再使用矩形选框工具将它一分为二，绘制图4-11所示形状。

图4-9 绘制开关图形　　图4-10 绘制不规则图形　　图4-11 绘制logo

（11）使用文字工具输入文字，效果如图4-12所示。

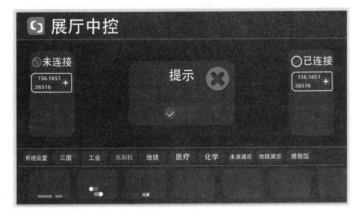

图4-12 最终UI

4.2 Maya

4.2.1 Maya概述

扫一扫
Maya

Autodesk Maya（见图4-13）是一款高效实用的三维动画、建模工具。该软件为用户带来了强大的3D建模、动画、渲染和制作功能，其界面组织性、平衡性非常好，不仅包含大量的按钮、菜单和工具栏，还具备完整的图形工作流，是电影级别的三维动画制作工具，旨在帮助使用者创建环境、动画效果与照片真实感的渲染。

最初Maya软件是软件开发公司Alias与Wavefront合并并收购TDI公司后，三家软件开发公司集合在一起，推出的一个新型的三维动画制作软件，其功能、界面、效果都是一流的，Alias与Wavefront赋予它一个神秘而响亮的名字——Maya。随着PC的广泛推广，Alias与Wavefront于1998年6月对PC用户推出了Maya NT版。2005年Alias被Autodesk收购，并相继推出Maya至今的各种版本。

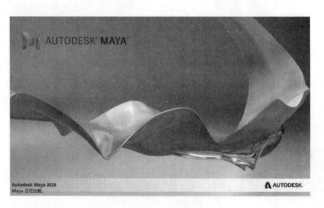

图4-13 Maya启动页面

Autodesk Maya与其他三维软件有明显的区别：

首先，Maya继承了Alias所有的工作站级优秀软件的特性，即灵活、快捷、准确、专业、可扩展、可调性。Maya基于Windows NT平台的操作更简便。

其次，Maya独一无二的工作界面使操作更直观，利用了窗口的所有空间并将其发挥到极至，快捷键的合理组合使动画制作事半功倍。制作起来，Maya相对来说比较稳定，它对计算机的硬件利用率也比较高。Maya不仅有类似于3ds Max等PC三维软件的普通建模功能，同时更具备了其他软件少有的NURBS建模功能，Maya具备了高级建模的能力。

最后，Maya在灯光、摄像机、材质等方面的表现也不俗，模拟灯光更加真实，可调参数更突出；特技灯光种类更丰富、更具有吸引力。摄像机的功能和参数更加专业，如镜头、焦距、景深等特殊功能是其他软件不具备的。矢量材质可模仿木纹、毛石、水等，节省了贴图的制作，同时在折射、反射等效果上更加独特。在动画设置上，粒子、动力学、反向动力学等高级动画设置都由软件自行计算，提高了动画的真实程度。渲染精度可达到电影级，因此只要掌握了Maya就等于走在了三维动画的前沿。

4.2.2 Maya应用领域

Maya是一款功能强大而全面的三维制作软件，随着版本的不断更新升级，功能不断完善，在市场上不断吸引新的用户加入，而且随着功能不断完善，使得Maya软件的应用领域也不断扩大。

1．影视动画

自1998年Maya诞生，就一直服务于电影和电视领域，诸多特效大片都利用Maya制作，Maya制作工作流程越来越成熟。Maya随着各个顶级特效电影的发展而发展，《侏罗纪公园》《魔戒》《金刚》《怪物史莱克》（见图4-14）等都由Maya制作。

图4-14 《怪物史莱克》剧照

2．虚拟仿真

将Maya动画技术与虚拟现实技术相结合，创建高度虚拟化的仿真工作环境，已成为当前计算机多媒体技术的重要发展方向。科学研究中，研究人员佩戴特殊眼镜，使用手柄模拟各种工具，操纵虚拟人体。目前，许多企业甚至活动展会的各种展馆都会制作虚拟场景，利用Maya等三维软件制作场景模型，结合Unity等引擎，再现虚拟场景环境，同时，结合虚拟现实外设，再现当时的现场环境，使观众直观了解当时的历史环境，为人们提供视觉、听觉、触觉体验，如图4-15所示。

图4-15 虚拟仿真中的应用

3. 娱乐游戏

随着版本的不断更新强大，越来越多的游戏制作公司开始使用其制作游戏模型（见图4-16）。游戏制作中，Maya有丰富的模型制作工具和UV分割工具，可以快速制作各种游戏的模型，Maya中强大的角色蒙皮骨骼动画系统，可快捷高效地处理游戏中各种角色动画的动作。Maya有成熟的动作捕捉数据处理和导入功能，动作数据方面的处理非常高效，可以使很多复杂技术简单化、流程化、可视化，使设计师能够专注于项目创作，节省大量技术研究时间。

图4-16 游戏中的应用

4.2.3 Maya用户界面

1. 三维坐标

最基本的可视图元为点。点没有大小，但是有位置。为确定点的位置，首先应在空间中建立任意一点作为原点。随后便可将某个点的位置表示为原点左侧（或右侧）若干单位、原点上方（或下方）若干单位，以及原点前方（或后方）若干单位，如图4-17所示。

这三个数字提供了空间中点的三维坐标。例如，对于位于原点右侧7个单位（X）、原点上方3个单位（Y）和原点前方4个单位（Z）的点，其X、Y、Z坐标为（7,3,4）。

在计算机图形中，点的位置将三个维度称为X轴、Y轴和Z轴，如图4-18所示。

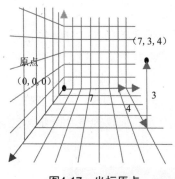

图4-17 坐标原点

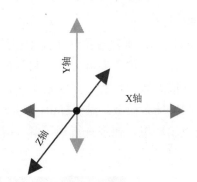

图4-18 坐标轴

在动画和可视效果中，传统上使用Y轴作为上方向轴或标高轴，使用X轴和Z轴作为地面轴。但是，某些其他行业传统上使用Z轴作为上方向轴，使用X轴和Y轴作为地面轴。

在Maya中，可以在Y轴和Z轴之间切换上方向轴。选择"窗口>设置/首选项>首选项"（Windows>Settings/Preferences>Preferences），然后在左窗格中单击"设置"（Settings），如图4-19所示。

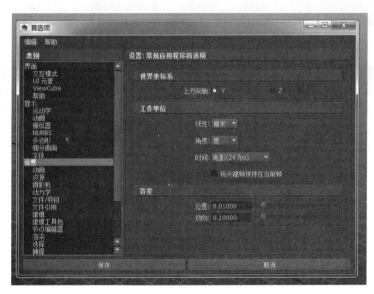

图4-19 轴向的切换

2．界面概述

Maya界面如图4-20所示。

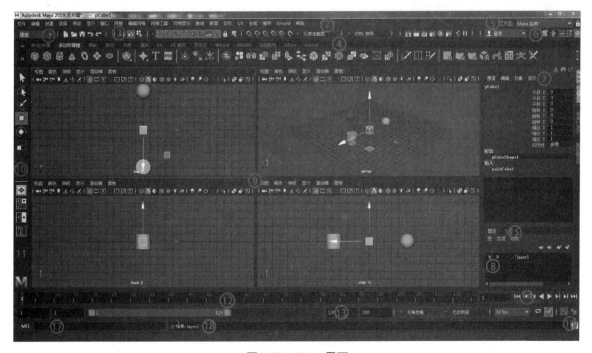

图4-20 Maya界面

1）菜单集

菜单集将可用菜单分为不同的类别："建模"（Modeling）、"装备"（Rigging）、"动画"（Animation）、"FX"和"渲染"（Rendering）。Maya主菜单中的前七个菜单始终可用，其余菜单根据所选的菜单集而变化。

菜单集之间的切换可以在"状态行"（StatusLine）中的下拉菜单中实现，如图4-21所示。

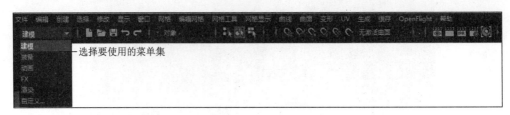

图4-21 模块的选择

2）菜单

菜单包含在场景中工作所使用的工具和操作。主菜单位于Maya窗口的顶部，还有用于面板和选项窗口的单独菜单。

有七个菜单在Maya中始终可用："文件"（File）、"编辑"（Edit）、"创建"（Create）、"选择"（Select）、"修改"（Modify）、"显示"（Display）和"窗口"（Windows）。

所有其他菜单随所选菜单集而变化："建模"（Modeling）、"装备"（Rigging）、"动画"（Animation）、"动力学"（Dynamics）、"渲染"（Rendering）。每个菜单集用于支持特定的工作流，如图4-22所示。

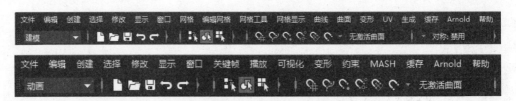

图4-22 建模和动画模块菜单

3）状态行

状态行包含许多常规命令对应的图标，如"保存"图标以及用于设置对象选择、捕捉、渲染等的图标。还提供了快速选择字段，可针对输入的数值进行设置。单击垂直分隔线可展开和收拢图标组。

4）工具架

工具架包含常见任务对应的图标，并根据类别按选项卡进行排列。工具架可以创建自定义工具架，然后创建可快速访问的工具或命令快捷键。

默认工具架分为多个选项卡，每个选项卡均包含许多图标，分别代表每个集最常用的命令，如图4-23所示。例如，"装备"（Rigging）选项卡包含"装备"（Rigging）菜单集中最常用命令对应的图标。也可以将自定义脚本和面板布局添加到工具架。

图4-23 工具架选项卡

使用工具架导航和编辑选项的下拉菜单，如图4-24所示。

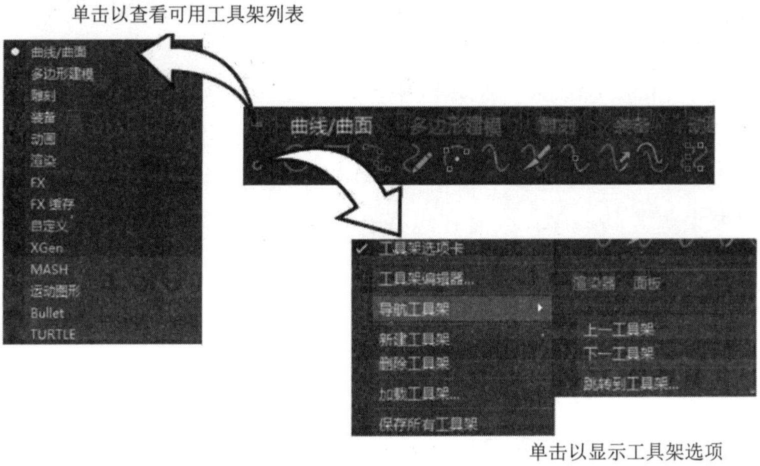

图4-24　工具架导航和编辑选项的下拉菜单

5）工作区选择器

选择专门设计用于不同工作流的窗口和面板的自定义或预定义排列。此处显示的是"Maya经典"（Maya Classic）工作区。

工作区是各种窗口和面板以及其他界面选项的有序排列。预定义的"工厂"工作区包含默认的"Maya经典"（Maya Classic）工作区，以及另外几个专用于执行各组任务的工作区。此外，也可以根据自己的需求创建和共享自定义工作区。

用户可以修改当前工作区，包括打开、关闭和移动窗口、面板和其他UI元素，以及停靠和取消停靠窗口和面板。无须明确保存对工作区所做的更改，当切换到其他工作区或关闭Maya时，更改将自动保存，并在下次切换回该工作区或重新启动Maya时还原。

对预定义工作区所做的更改将以覆盖的形式保存。可以通过以下方式随时还原工作区的原始配置：切换到工作区，然后选择"窗口>工作区"命令，将工作区重置为出厂默认值，或者从"工作区"（Workspace）下拉菜单中选择"重置当前工作空间"（Reset Current Workspace）。

仅保存对自定义工作区所做的更改。如果已进行更改，但尚未切换到其他工作区或关闭Maya，则可以按照与还原覆盖更改相同的方式还原所做的更改。

与旧版面板布局功能相比，通过工作区可以更灵活地自定义界面。特别是，工作区可用于将面板移动和停靠到任何位置，而面板布局仅控制视图面板中的排列，如图4-25所示。另一个区别就是，工作区将自动作为单独的文件存储到用户目录中并持续存在，而面板布局则存储在场景文件中。

图4-25　工作空间

切换工作空间方法：从主菜单栏最右侧的"工作区"（Workspace）选择器中，选择一个项目；从"窗口>工作区"（Windows>Workspaces）菜单中选择一个项目。

6）侧栏图标

状态行右端的图标可打开和关闭许多常用的工具。从左到右，这些图标依次显示建模工具包（Modeling Toolkit）、HumanIK窗口、属性编辑器（Attribute Editor）、工具设置（Tool Settings）和通道盒/层编辑器（Channel Box/Layer Editor）（默认情况下处于打开状态并在此处显示）。

在"Maya经典"（Maya Classic）工作区中，这些工具在下述窗格中以选项卡形式打开，但在浮动窗口中打开的"工具设置"（Tool Settings）除外。使用这些选项卡可在打开的工具之间切换，或者单击当前选项卡可收拢整个窗格。单击收拢窗格中的任意选项卡即可将其还原。还可以拖动这些选项卡来更改其顺序，或者在这些选项卡上右击以获得更多选项。

7）通道盒

通过通道盒，可以编辑选定对象的属性和关键帧值。默认情况下，将显示变换属性，但可以更改此处显示的属性。

8）层编辑器

"层编辑器"（Layer Editor）中有两种类型的层：显示层用于组织和管理场景中的对象，例如，用于设置可见性和可选性的层；动画层用于融合、锁定或禁用动画的多个级别。在所有情况下，都有一个默认层，对象在创建后最初放置在该层。

9）视图面板

通过视图面板，可以使用摄影机视图通过不同的方式查看场景中的对象。可以显示一个或多个视图面板，具体取决于正在使用的布局。也可以在视图面板中显示不同的编辑器。通过每个视图面板中的面板工具栏，可以访问位于面板菜单中的许多常用命令，如图4-26所示。

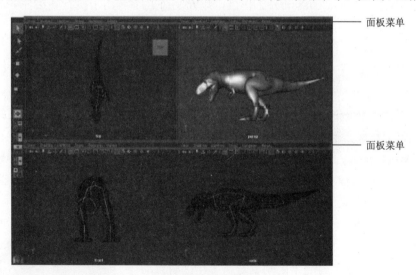

图4-26　视图面板

10）工具箱

工具箱包含用于选择和变换场景中对象的工具。使用标准键盘热键可使用选择工具（Q）、移动工具（W）、旋转工具（E）、缩放工具（R）和显示操纵器（T），以及使用快捷键【Y】访问在场景中使用的最后一个工具。

11）快速布局/大纲视图按钮

通过工具箱下面的前三个快速布局按钮，只需单击一次即可在有用的视图面板布局之间切换，而底部按钮用于打开大纲视图。更改面板布局的方法如表4-1所示。

表4-1　面板布局更改

目　　标	操　　作
切换到保存的面板布局	在面板中，从"面板>保存的布局"（Panels>Saved Layouts）子菜单中选择某个项目
更改面板数量和分段	在快速布局按钮上右击，然后从菜单中选择一个项目。或在面板中，从"面板>布局"（Panels>Layouts）子菜单中选择某个项目
调整面板大小	拖动面板之间的分隔线，拖动分隔线交叉的点以同时调整所有面板的大小
将当前面板排列保存为布局	在快速布局按钮上右击，选择"保存当前布局"（Save Current Layout）然后，可以从"面板>保存的布局"（Panels>Saved Layouts）菜单中获得此布局
在当前布局与全屏活动面板（鼠标指针所在的位置）之间切换	按空格键
在全屏视图面板与当前布局之间切换	按【Ctrl+空格】组合键
设置面板内容	在面板中，从"面板>面板"（Panels>Panel）子菜单中选择某个项目
在面板布局历史中返回	在面板中，选择"面板>布局>上一排列"（Panels>Layouts>Previousarrangement）或按【{】键
在面板布局历史中前进	在面板中，选择"面板>布局>下一排列"（Panels>Layouts>Nextarrangement）或按【}】键

12）时间滑块

时间滑块显示可用的时间范围。时间滑块还可显示当前时间、选定对象或角色上的关键帧、"缓存播放"（Cached Playback）状态条。拖动其中的红色播放光标以在整个动画中进行"拖动"，或者使用右端的播放控件。

13）范围滑块

范围滑块用于设置场景动画的开始时间和结束时间。如果要重点关注整个动画的更小部分，还可以设置播放范围。

14）播放控件

通过播放控件，可以依据时间移动，预览时间滑块范围内的动画。

15）动画/角色菜单

通过"动画"（Animation）或"角色"（Character）菜单可以切换动画层和当前的角色集。

16）播放选项

使用播放选项可控制场景播放动画的方式，其中包括设置帧速率、循环控件、自动设置关键帧和缓存播放，而且还支持快速访问"时间滑块"（Time Slider）首选项。

17）命令行

命令行的左侧区域用于输入单个MEL命令，右侧区域用于提供反馈。如果熟悉Maya的MEL脚本语言，则使用这些区域。

18）帮助行

当在UI中的工具和菜单项上滚动时，帮助行显示这些工具和菜单项的简短描述。此栏还会提示使用工具或完成工作流所需的步骤。

3．创建和编辑对象

Maya有多种不同类型的对象，其中大多数用于为对象建模，但也有一些其他"辅助对象"可在场景中构建不同元素。

1）多边形对象

多边形对象是由面、边和顶点组成的3D几何对象，通常称为"多边形网格"，如图4-27所示。多边形网格广泛用于为游戏、虚拟现实、电影和Internet创建的多种3D模型。

2）NURBS（非均匀有理B样条线）曲面对象

NURBS曲面对象是由U向和V向曲线定义的面片组成的3D几何对象。曲面插补在控制点之间，从而生成平滑形状。NURBS十分平滑，对于构建有机3D形状十分有用，且主要用于工业设计、动画和科学可视化领域，如图4-28所示。

图4-27　多边形模型

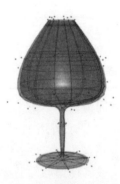

图4-28　样条线模型

3）NURBS曲线（NURBS curves）

曲线用于构建对象或用作场景中的其他元素。可以使用不同的方法从曲线创建3D对象，或者将其用于动画的运动路径等内容或用于控制变形，如图4-29所示。

4）复制对象

（1）简单复制选定对象。

方法一：按【Ctrl+D】组合键。

方法二：选择"编辑>复制"（Edit> Duplicate）。

（2）使用指定选项复制选定对象。

选择"编辑>特殊复制"（Edit > Duplicate Special），

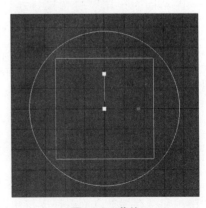

图4-29　曲线

打开特殊复制选项（Duplicate Special Options）面板，将"几何体类型"（Geometry Type）设置为"复制"（Copy），设置副本数量选项以及将应用于每个副本的变换选项。

（3）复制选定对象并重新应用上一变换。

选择"编辑>复制并变换"（Edit > Duplicate with Transform），例如，如果将对象向上移动 2 个单位，然后选择"编辑>复制并变换"（Edit > Duplicate with Transform），则系统将创建重复对象并将该对象再次向上移动 2 个单位。

（4）创建选定对象的实例。

选择"编辑>特殊复制"（Edit > Duplicate Special），将"几何体类型"（Geometry Type）设置为"实例"（Instance），设置副本数量选项以及将应用于每个副本的变换选项。

5）删除对象

方法一：选择对象，直接按【Delete】键即可。

方法二：从选定对象中删除特定类型的组件，从"编辑 > 按类型删除"（Edit > Delete by Type）子菜单中选择一个项目删除。

方法三：删除特定类型的所有对象，从"编辑 > 按类型删除全部"（Edit > Delete All by Type）子菜单中选择一个项目删除。

6）重做

撤销上次操作：选择"编辑 > 撤销"（Edit > Undo）或按【Ctrl+Z】组合键。

重做上次操作：选择"编辑 > 重做"（Edit > Redo）或按【Ctrl+Y】组合键。

重复上一命令：选择"编辑 > 重复"（Edit > Repeat）或按【G】键，还可以使用鼠标中键单击菜单名称来重复从中选择的上一命令。

4．变换对象

1）移动对象或组件

选择一个或多个对象或组件。单击工具箱（Tool Box）中的"移动工具"（Move Tool）图标，或按【W】键。如果要先更改"移动工具"（Move Tool）的设置，双击其图标，以便在"工具设置"（Tool Settings）面板中显示其选项。使用移动操纵器，可以更改选定对象的位置，如图4-30所示。

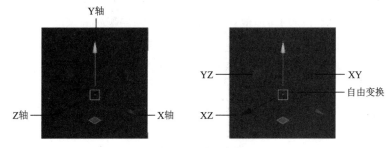

图4-30　位置变换

拖动中心控制柄在视图中自由移动，拖动箭头可以沿轴移动；拖动平面控制柄可以沿该平面的两个轴进行移动，例如，拖动绿色的平面控制柄可沿 XZ 平面移动。单击箭头或平面控柄使其处于活动状态（黄色），然后使用鼠标中键在视图中的任意位置拖动可以沿该轴或平面移动。

2）旋转对象和组件

选择一个或多个对象或组件，单击工具箱（Tool Box）中的"旋转工具"（Rotate Tool）图标◆，或按【E】键。选择旋转操纵器，可以旋转选定的对象，如图4-31所示。

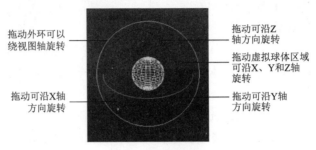

图4-31　旋转变换

拖动各个环可以绕不同的轴旋转；拖动蓝色外环在屏幕空间中旋转，可以将模型的内面朝向摄影机。旋转轴将会更改，具体取决于摄影机的角度；在环的灰色区域之间拖动，可以围绕任意轴自由旋转。

3）缩放对象或组件

选择一个或多个对象或组件，单击工具箱（Tool Box）中的"缩放工具"（Scale Tool）图标，或按【R】键。选择任意轴向缩放操纵器，可以缩放选定的对象，如图4-32所示。

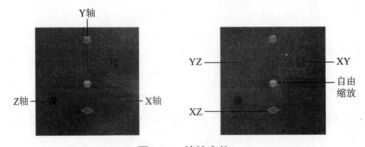

图4-32　缩放变换

拖动中心框可以沿所有方向均匀缩放；沿X、Y、Z轴控制柄的长度方向在任意位置拖动，以便沿该轴进行缩放；拖动平面控制柄可以沿该平面的两个轴进行缩放，单击轴或平面控制柄使其处于活动状态（黄色），然后使用鼠标中键在视图中的任意位置拖动可以沿该轴或平面缩放。

5. 模型制作

（1）在工具架上多边形标签下选择，单击创建圆柱体（本案例中所有创建的对象默认坐标都为原点位置），如图4-33所示。

（2）选中圆柱体，在右侧通道盒设置圆柱的轴向细分数为8，如图4-34所示。

第4章 开发工具

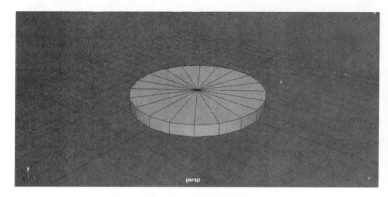
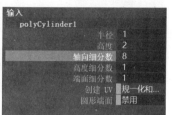

图4-33 创建圆柱体　　　　　　　　　　图4-34 调整圆柱轴向细分数

（3）选中圆柱，在建模模块下，选择菜单"网格工具>插入循环边"（或按【Shift+鼠标右键】），如图4-35所示，在圆柱的Y轴方向任意边上单击，插入循环边，如图4-36所示。

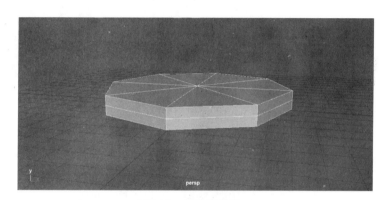

图4-35 插入循环边　　　　　　　　　图4-36 添加循环边

（4）选中圆柱，右击进入面模式，如图4-37所示，按住鼠标左键，框选圆柱如图4-38所示所示的面，单击工具架上的挤压工具，将选中的面挤压两次，效果如图4-39所示。

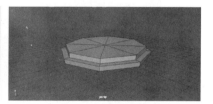

图4-37 面模式　　　　　图4-38 选择面　　　　　图4-39 挤出面

（5）再次使用圆柱体工具，创建一个圆柱并将其按图4-40所示所示位置进行摆放。
（6）选中圆柱，设置圆柱的轴向细分数为15，如图4-41所示。

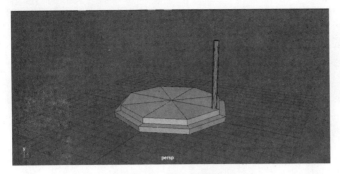
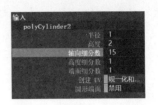

图4-40 创建圆柱体　　　　　图4-41 调整圆柱轴向细分数

（7）选中圆柱，按【W】键，显示坐标，然后按【D】键，按住【C+鼠标中键】，将圆柱的中心点移至网格中心，如图4-42所示。

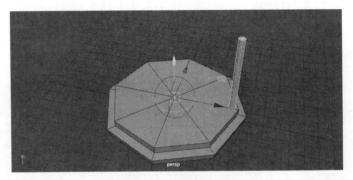

图4-42 调整中心点

（8）选中圆柱，在菜单中选择"编辑>特殊复制"，如图4-43所示，打开"特殊复制选项"对话框，进行参数设置，如图4-44所示，将Y轴的旋转数值设置为45，副本数设置为7，如图4-45所示，然后单击"应用"按钮，效果如图4-46所示。

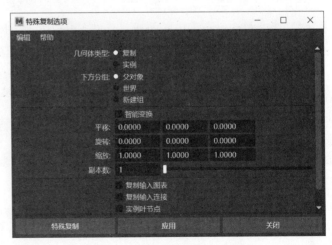

图4-43 特殊复制　　　　　图4-44 "特殊复制选项"对话框

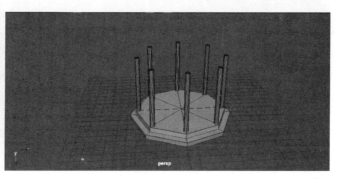

图4-45 参数调整　　　　　　　图4-46 复制结果

（9）在工具架上选择⬢工具，右击选择管道，弹出其他基本体，选择管道基本体，创建管道，如图4-47所示。

（10）选中管道，在通道盒设置管道的厚度为0.2，轴向细分数为8，如图4-48所示。

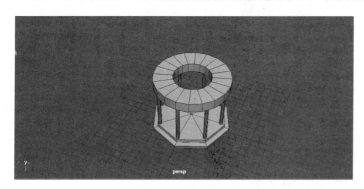
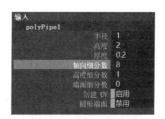

图4-47 创建管道　　　　　　　图4-48 调整管道轴向细分数

（11）选中创建的管道体，选择"网格工具>插入循环边"（或【Shift+鼠标右键】），如图4-49所示，在管道的Y轴方向的任意边上单击，插入循环边，如图4-50所示。

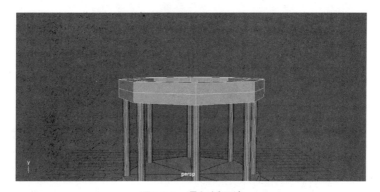

图4-49 插入循环边　　　　　　　图4-50 添加循环边

（12）选中管道，右击进入面模式，如图4-51所示，按住鼠标左键，框选管道上图4-52所示的面；在工具架上选择挤压工具⬢进行挤压，同时将"保持面的连接性"选择为"禁用"，如图4-53所示，将选中的面挤压成图4-54所示。

图4-51 面模式
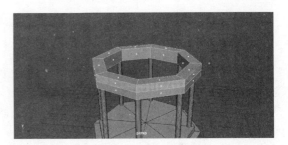
图4-52 选择面

图4-53 保持面的连接性

图4-54 挤压面

（13）创建圆柱体，并将其拖动到图4-55所示的位置。
（14）将新创建的圆柱轴向细分为8，端面细分数为3，如图4-56所示。

图4-55 创建圆柱体

图4-56 调整圆柱的细分数

（15）选中圆柱，右击进入面模式，如图4-57所示，选择图4-58所示圆柱端面上的面，按下【W】键，在Y轴方向向上拖动Y轴，如图4-59所示。按下【R】键，将端面进行缩放，如图4-60所示。

图4-57 面模式

图4-58 选中面

图4-59 移动面
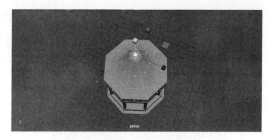
图4-60 缩放面

（16）在工具架上单击立方体工具，创建长方体，并将其按图4-61所示位置摆放。

图4-61 创建长方体

（17）选中长方体，插入循环边，在长方体的Y轴方向插入循环边，如图4-62所示。右击立方体进入点模式，调整长方体的顶点，如图4-63所示。

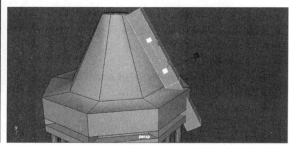
图4-62 插入循环边

图4-63 调整顶点

（18）选中长方体，进入面模式，如图4-64所示，选择长方体的面，如图4-65所示，使用挤压工具，将长方体的面挤压成图4-66所示，再次挤压将长方体的面挤压成图4-67所示。

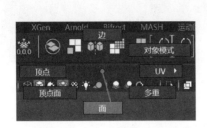

图4-64 面模式

图4-65 选择面

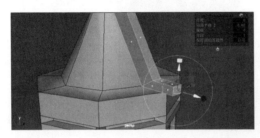

图4-66 挤压面

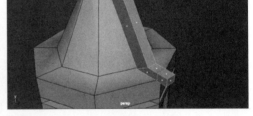

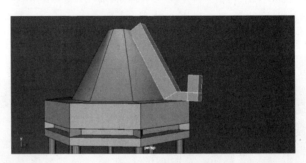

图4-67 挤压面

（19）选中长方体，插入循环边，如图4-68所示，选中立方体进入点模式，调整长方体的顶点，如图4-69所示。

图4-68 插入循环边

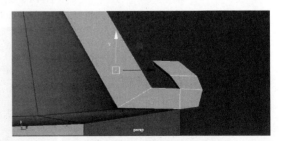

图4-69 调整顶点

（20）选中长方体，将立方体的中心点移至图4-70所示网格中心，方法见步骤（7）。

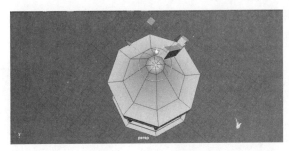

图4-70 调整坐标轴

（21）选中长方体，选择"编辑>特殊复制"，打开"特殊复制选项"对话框，参数设置如图4-71所示，单击"应用"按钮，效果如图4-72所示。

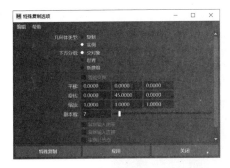

图4-71 "特殊复制选项"对话框

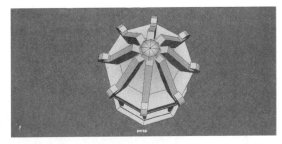

图4-72 复制结果

（22）在工具架选择多边形建模工具，创建球体，如图4-73所示。
（23）设置球体的轴向细分数和高度细分数都为8，如图4-74所示。

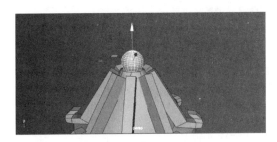

图4-73 创建球体

图4-74 调整球体的细分数

（24）创建一个圆柱，设置圆柱的轴向细分数为8，如图4-75所示。

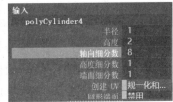

图4-75 创建圆柱并调整参数

（25）创建球体，并将其按图4-76所示进行摆放。

（26）最后效果如图4-77所示。

图4-76　创建球体

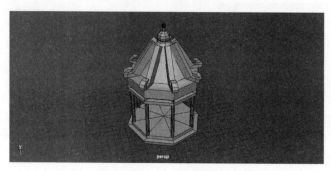

图4-77　效果图

4.3　3ds Max

4.3.1　3ds Max软件介绍

扫一扫

3D Max

　　3ds Max是Autodesk公司开发的三维动画渲染和制作软件。其前身是3D Studio系列软件。

　　3ds Max出现的时间比较早，经过几十年不断的优化，3ds Max的制作流程已经变得比较简洁高效，一改从前使用大量命令完成简单操作的状态，便于学习和商业使用。20世纪，少数能在PC上运行的三维软件价格异常昂贵。刚开始3D Studio完成了从DOS系统向Windows的迁移，运行环境普通化、渲染制作价格低廉化、效果专业化，以及产品化的速度都得到了行业人士的认可。这个稳定和较全面的三维软件占据了三维软件市场的主流地位。此后3ds Max仍然在不断地升级更新。此后在影视制作和游戏制作方面大放异彩，如《魔兽争霸3》等，让公众体验到了这个神奇软件的魅力。

　　改进后的3ds Max 6.0版本已经开始被全球专业三维创作领域的设计人员广泛采用，创造出无以伦比的视觉产品。此后Max 9.0和Max 2008开始出现了专业动画版和专业建筑版的细分方向，使得3ds Max更加朝着专业化深耕的方向发展。

4.3.2 窗口界面

作为主流的3D类制作软件，3ds Max跟Maya一样，在启动界面提供了简单的学习向导，浏览这些短视频可以快速入门，掌握简单的操作技术，如图4-78所示。

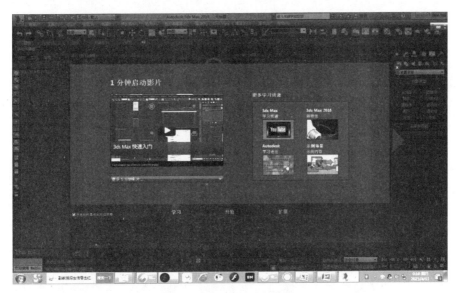

图4-78　3ds Max启动画面

新建工程进入程序后，进入3ds Max编辑器，3ds Max主要编辑窗口由几个选项卡一样的视图组成，如图4-79所示。

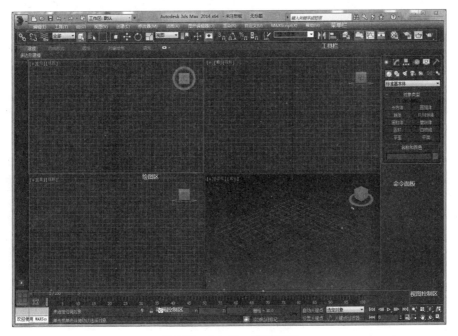

图4-79　3ds Max界面组成

4.3.3 基本操作

1. 创建对象

软件正确安装后，物体的创建以及编辑通常使用主工具栏和命令面板来进行，在命令面板"新建"选项中，包含了常用的几何体、图形、灯光、相机、辅助物体、空间扭曲等，如图4-80所示。

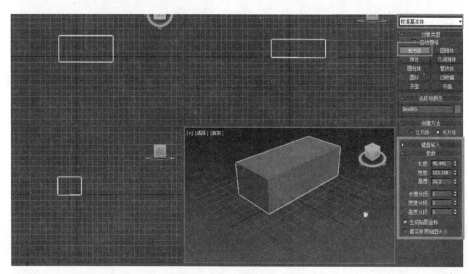

图4-80 标准基本体的建模

标准基本体的建模包含了一些常规的几何物体，如圆球、圆柱、长方体等，具体操作是：选择右边标准基本体，在对象类型中单击所需要的几何体，如"长方体"按钮，然后在下方设置box的长宽高和分段等基本的参数后，就可以得到需要的模型了。分段（段数）影响三维物体显示的圆滑程度，但同时也决定了该对象占用计算资源的大小，段数越大越占用计算资源。物体模型段数设置应当适中，过大过小都不好。每个图形的创建方式大同小异。

2. 二维图形的建立

单击创建三维图形旁边的"圆形"，可以发现矩形、圆、线等对象，这时就可以绘制二维图形了。有很多三维建模的方式是通过截面或底面等二维形式在空间中构造形成的，如图4-81所示。

3. 物体的冻结与消隐

选中对象后右击，在弹出的快捷菜单中选"冻结当前选择"命令，如图4-82所示，会发现图形变成灰色，且不能移动。这就代表物体被冻结。

场景中对象很多的时候，为了方便操作，选中对象并右击，可以使用隐藏和取消隐藏命令决定是否显示该对象，如图4-83所示。

图4-81 二维图形的建立标签

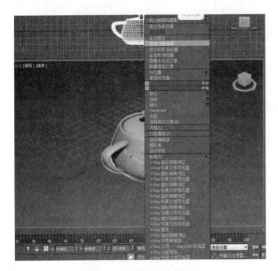

图4-82 对象的冻结

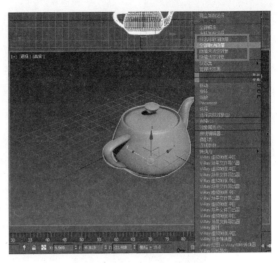

图4-83 对象的隐藏与取消

4．对象的操作

物体创建完成后，可以通过工具栏对这些对象进行基本的操作，如选择、移动、旋转、缩放、复制（克隆）等操作。

如果想要移动一个物体或对象（如一个圆柱或者曲线），可按下箭头标志，此时物体可以选择沿着X、Y、Z轴移动。箭头标志旁边依次是旋转和缩放按钮，如图4-84所示。

物体的移动、旋转、缩放可使用快捷键【W】、【E】、【R】。

5．对象的修改

单击图4-85中框选的按钮可以更改已创建物体的线条数、边数、颜色，以及已创建对象的三维参数。

图4-84 物体的移动、旋转、缩放

图4-85 对象的修改

6．物体的复制（克隆）

对象的复制是按快捷键【Shift】，并拖动对象，并且可以选择复制的个数、名称，如图4-86所示。

复制分为三种情况：

（1）复制：复制出的物体与原物体之间无关联。

（2）实例：复制出的物体与原物体之间有关联。改变原物体会影响副本，反之亦然。例如，灯光的复制可以用一个灯光控制所有灯光同步调整。

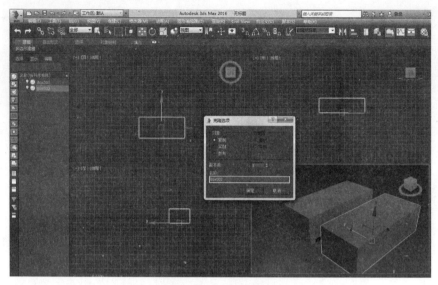

图4-86 对象的克隆

（3）参考：原物体和副本的关联是单向的，即原物体仅影响副本。

副本数用于设置通过复制后生成的个数，不含原物体。需要说明的是关联性通常是指基本参数，如尺寸大小、添加编辑命令等。而颜色将不受影响，因为物体颜色属于材质部分。

7．阵列复制

如果副本物体之间的位置、角度和大小等方面呈现一种规律，而不是仅仅是数量上复制。这样就可以通过阵列复制来完成。

选择物体，选择"工具>阵列"命令，如图4-87所示，弹出"阵列"对话框，如图4-88所示。

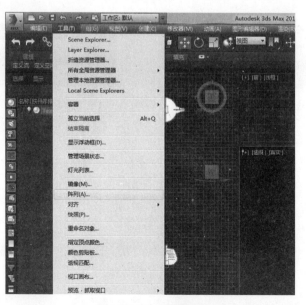

图4-87 对象的阵列

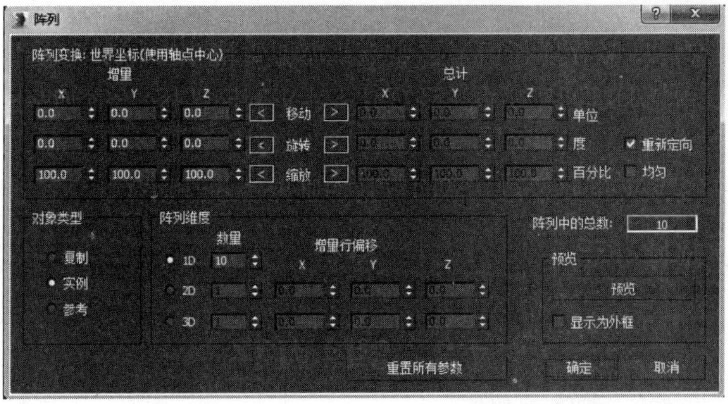

图4-88 "阵列"对话框

增量：用于设置单个物体之间的关系。如每个副本与前一个复制出来的副本之间的位置变量。

总计：所有物体之间关系的总量。如总共移动复制出4个物体，从第1个到最后1个物体之间共移动200个单位。如用于制作一个长度为100 m的栏杆，中间的柱子的分布就是总量100 m。这个功能可以快速解决与"在固定长度范围以内，均匀间隔一定距离，布设若干个克隆单元"类似的任务。

对象类型：用于设置复制物体之间的关系，分为复制、实例和参考。

阵列维度：用于设置物体复制的扩展方向，分为线性、平面和三维（1D、2D和3D）。

8. 镜像复制

镜像指物体进行轴对称翻转或翻转复制，适用于轴对称造型特征的物体。很多左右基本对称的造型可以使用这种方法，只做其中一边，另外一边镜像出来。例如一张脸就是一个严谨的左右对称的造型。选择操作对象物体，选择"工具>镜像"命令，根据实际需要设置参数，如图4-89所示。

镜像轴：物体翻转的轴。

偏移：镜像前后发生位置偏移的距离。

克隆当前选择：当选择"不克隆"时，选择的物体仅进行翻转，原物体可能发生位置变化；选择"复制"时，仅对物体进行复制，本体与副本不存在联系；选择"实例"时，本体与副本相互关联，在对一个对象调整时，另一个也会跟随变化；选择"参考"时，克隆出来的副本本身不能进行变换，只能跟随主体变换。

镜像IK限制：决定镜像复制过程中，IK是否需要设置。

变换：默认的方式对选择的物体实现镜像复制。

几何体：实现物体自身进行镜像。

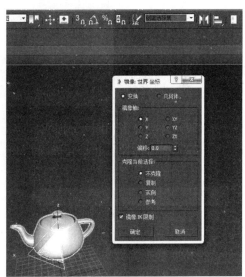

图4-89 镜像对话框

4.3.4 模型制作

(1)创建一个切角长方形基本体,选择"扩展基本体",如图4-90所示。

(2)选择创建一个"切角长方体",如图4-91所示。

图4-90 选择"扩展基本体"

图4-91 创建"切角长方体"

(3)单击弧形修改数据,设置长方体的长度、宽度、高度与它的圆角,然后设置分段数,如图4-92所示。

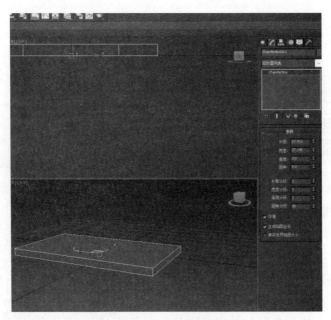

图4-92 属性设置

(4)设置完成之后,需要重新创建一个切角长方体,这个切角长方体是作为沙发的两个扶手来用的,根据刚才创建的第一个切角长方体的长宽高来设置这个长方体的长、宽、高,如图4-93所示。

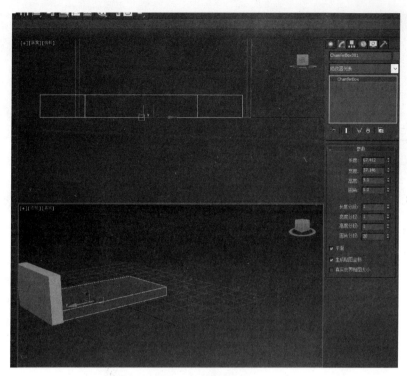

图4-93 创建基本体

（5）完成之后选择对齐工具，将第一个长方体和第二个长方体对齐，然后按住【Shift】键复制出一个同样的长方体，放在沙发的另一端，使用对齐工具将它们对齐，如图4-94所示。

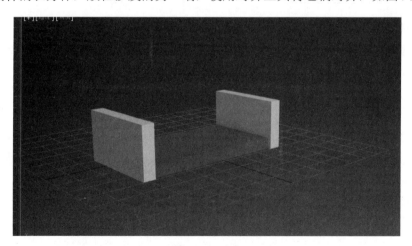

图4-94 对齐

（6）在沙发的上方制作沙发垫，创建切角长方体，选择旋转工具，将其旋转成垂直方向。复制出另外两个沙发垫，作为沙发的靠背来使用，调整好合适的位置，至此一个简易沙发制作完成，如图4-95所示。

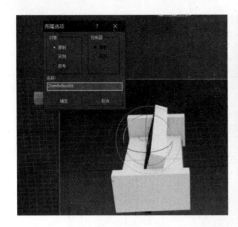 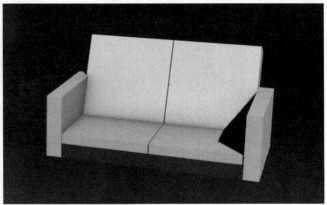

图4-95 最终效果

温馨提示：这里介绍了两款三维软件的基本使用方法，需要注意的是无论何种建模软件，只是我们为了完成任务而使用的工具而已，重要的是能够熟练地使用任意一款软件制作出完美的、符合使用条件的模型，做到精益求精。

4.4 开发引擎

4.4.1 Unity 3D开发引擎概述

Unity也称Unity 3D，是由Unity Technologies 公司开发的一个可让开发者轻松创建包括游戏、三维实时动画、建筑可视化、工业设计、影视特效等多平台交互内容的综合开发工具，是实时3D互动内容创作和运营的平台，可创建 2D和3D游戏、应用程序和体验。

Unity起初是一个游戏开发引擎，它融合了图形、音效、人工智能、虚拟现实等多种元素，游戏开发所用的技术几乎可以应用于所有行业，可运行在 Windows 和Mac OS X 操作系统下，还可以利用Unity Web Player 插件发布网页游戏，支持Mac和Windows平台的网页浏览，可发布执行程序至 Windows、Mac、Wii、iPhone、WebGL（需要 HTML5）、Windows Phone 8 和 Android 等终端平台。

虚拟现实引擎数不胜数，最具代表性的商用引擎有 UnReal、CryENGINE、Havok Physics、Game Bryo和Source Engine等，但是这些游戏引擎价格昂贵，开发成本高。Unity 公司提倡"开发的民主化"，提供商用和个人等多个版本，开发者可根据需求选择适合自己的版本，个人可选用免费的个人版本，使开发人员不再因价格的顾虑而影响开发。Unity是目前主流的游戏开发引擎，相关数据显示全球游戏中，65%是使用Unity开发的。

Unity 3D应用领域广泛，游戏开发、虚拟仿真、教育、医疗、军事、汽车、建筑、影视、动漫等多个行业都在广泛应用。

4.4.2 界面组成

新建工程进入程序后，进入Unity编辑器，Unity主要编辑窗口由几个选项卡一样的视图组成，每个视图都有自己专用的用途，如图4-96所示。

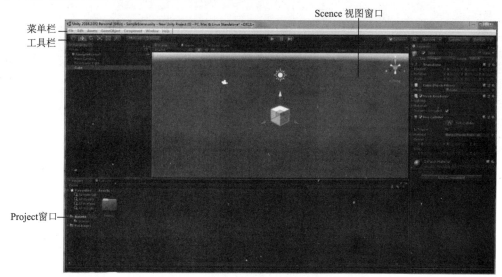

图4-96　Unity界面

1. 工具栏

工具栏包含七个基本控件，每个控件有不同的功能，具体如下：

（1）　　　　变换组件工具：用于操作Scene视图，第一个是"抓手"工具，快捷键为【Q】，是场景移动工具，等同于按住鼠标中键移动场景；第二个是"移动"工具，快捷键为【W】，可上下左右拉动以改变物体对象的坐标；第三个是"旋转"工具，快捷键为【E】，可360°任意旋转对象角度；第四个是"比例"工具，快捷键为【R】，可拉动任意一个小方块调整任意比例关系；第五个是"矩形"工具，快捷键为【T】，拉动任意边缘可以调整某一边的比例关系；第六个是"综合"工具，快捷键为【Y】，其集移动、旋转和比例调整功能于一体，非常方便；第七个是"自定义编辑"工具，没有快捷键，其可以根据选中的不同物体启动不同的编辑功能。

（2）　　　　变换辅助图标开关：影响Scene视图显示效果，用于切换物体锚点和坐标，可切换本地坐标系和世界坐标系。

（3）　　　　播放/暂停/步进按钮：用于处理Scene视图。

（4）　　　云按钮：打开Unity Services窗口。

（5）　　　Account下拉菜单：用于访问Unity账户。

（6）　　　Layers下拉菜单：控制Scene视图中显示的对象和层级。

（7）　　　Layout下拉菜单：控制所有视图的布局。

2. Project窗口

在此视图中，可访问和管理属于项目的资源。每一个Unity项目都包含一个场景和资产文件夹。Project视图中存放着所有用于项目开发的素材、场景、脚本、模型、贴图、声音文件和预制物体等，如图4-97所示。

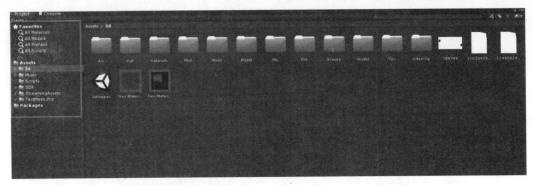

图4-97　Project 窗口

　　窗口的左侧面板将项目的文件夹结构显示为层级列表。通过单击从列表中选择文件夹时，文件夹内容将显示在右侧面板中，单击小三角形可展开或折叠文件夹，显示文件夹包含的任何嵌套文件夹，按住【Alt】键单击可以递归方式展开或折叠所有嵌套文件夹。

　　各个资源在右侧面板中显示为图标，这些图标指示了资源的类型（脚本、材质、子文件夹等）。可移动面板右侧底部的滚动条调节图标大小，如果滑动条移动到最左侧，这些图标将替换为层级列表视图。

　　面板上方是一个"痕迹导航路径"，显示当前正在查看的文件夹的路径。可单击此路径的单独元素，以便围绕文件夹层级视图轻松导航。

　　利用本窗口右上角的搜索框可检索需要查询的资源，项目结构列表上方是Favorites部分，可在其中保存常用项以方便访问。可将所需项从项目结构列表拖动到 Favorites 部分，也可在此处保存搜索查询的结果。

　　Project Browser 的搜索也可应用于 Unity Asset Store中可用的资源，如图4-98所示。如果从痕迹导航栏的菜单中选择Asset Store，则会显示 Asset Store 中与查询匹配的所有免费和付费资源。按类型和标签搜索的工作方式与 Unity 项目相同。首先根据资源名称检查搜索查询词，然后按顺序检查资源包名称、资源包标签和资源包描述。

图4-98　在检索栏直接检索资源商店的资源

如果从列表中选择一项，该项的详细信息可以在Inspector中显示，可在常规Asset Store窗口中旋转和预览，为开发者购买或下载提供详细的参考信息。

3．Scene 场景视图窗口

Scene 视图用于交互设计，可以选择和定位景物、角色、摄像机、光源和所有其他类型的对象。能够在Scene视图中选择、操作和修改对象是开始使用Unity必须掌握的必要技能。在场景视图中移动和操纵物体是很常用的功能，可以快速操作场景中的物体，选择任何游戏物体，按【F】键，被选择物体将在视图正中心显示，按住【Alt】键用鼠标右键拖动可以缩放场景视图，如图4-99所示。

4．Game游戏视图窗口

游戏视图是场景中的摄像机渲染后的场景，它表现的就是最终可发布的作品。需要使用一个或者多个摄像机去控制玩家在玩游戏时的真实感觉，如图4-100所示。Game视图控制栏的按钮及功能如表4-2所示。

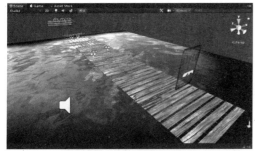

图4-99　Scene场景视图

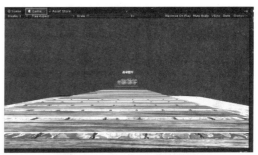

图4-100　Game 视图控制栏

表4-2　Game 视图控制栏解析表

按　　钮	功　　能
Display	默认设置为Display 1。如果场景中有多个摄像机，可单击Display 1下拉按钮，从摄像机列表中选择其他摄像机，也可以在摄像机Inspector属性面板中的Target Display下拉菜单下分配其他摄像机
Aspect	默认设置为Free Aspect，下拉菜单中可选择不同值来测试游戏，特别是UI在不同宽高比的显示器上的预览效果
Low Resolution Aspect Ratios	选中此框可模拟更旧的显示屏的像素密度，会降低 Game（游戏窗口，也可称为预览窗口）视图的分辨率。当Game视图位于非Retina（视网膜）显示屏上时，此复选框将始终开启
Scale 滑动条	向右滚动可放大、缩小Game视角的显示区域。当设备分辨率高于Game视窗时，该滚动条即具备缩小视图以查看整个屏幕的功能
Maximize on Play	单击按钮启用。播放模式时，使用此按钮可使Game视图最大化到Editor（编辑）窗口的100%，以便进行全屏预览
Mute audio	单击按钮启用。播放模式时单击此按钮可静音场景内的所有声音
Stats	单击此按钮可以切换Statistics（统计数据）覆盖层，其包含游戏音频和图形的渲染统计信息，对于程序运行模式下设备的性能监测非常有用
Gizmos	单击此按钮可切换辅助图标的可见性，其下拉菜单包含用于控制对象、图标和辅助图标的多项显示方式

5. Hierarchy 层次窗口

Hierarchy窗口会列出当前场景中的每个物体对象，包括资源文件的直接实例（如3D模型）和预制件实例，在场景中添加和删除对象时，这些对象会在层级视图中显示或消失。

默认情况下，对象在 Hierarchy 窗口中按其生成顺序列出，在创建一组对象时，可通过向上或向下拖动对象使其成为"子"或"父"对象来对其重新排序。最顶层的对象或场景被称为"父对象"，而在其下面分组的所有对象被称为"子对象"或"子项"，如图4-101所示。

单击父对象的下拉按钮（位于其名称的左侧）可显示或隐藏其子项。在按住【Alt】键的同时单击下拉按钮可选择父对象及所有子对象（不仅仅包括直接子对象）的可见性。

6. Inspector 属性查看器

Unity Editor 中的项目由多个游戏对象组成，而这些游戏对象包含脚本、声音、网格和其他图形元素（如光源）。Inspector 窗口（有时称为"Inspector"）显示有关当前所选游戏对象的详细信息，包括所有附加的组件及其属性，并允许修改场景中游戏对象的功能。

使用 Inspector 可以查看和编辑 Unity Editor 中几乎所有内容（包括物理游戏元素，如游戏对象、资源和材质）的属性和设置，以及 Editor 内的设置和偏好设置，如图4-102所示。

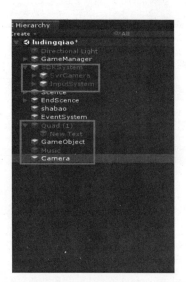

图4-101　Hierarchy层次窗口及父子级关系

图4-102　Inspector 属性查看器

在Hierarchy或Scene视图中选择游戏对象时，Inspector 将显示该游戏对象的所有组件和材质的属性，但是每种类型的资源都有一组不同的设置，在 Inspector 中可以编辑这些组件和材质的设置。

Unity 3D应用实例见第三篇综合实训项目。

小　结

本章主要从虚拟现实内容开发的全流程出发，分别介绍了常用的开发工具，包括UI制作软件Photoshop、三维模型制作软件Maya和3ds Max以及开发引擎Unity 3D。

习　题

1. 根据第一节内容制作一个商业UI界面。
2. 使用Maya或3ds Max制作简易会议桌。
3. 新建Unity 3D场景并进行资源导入。

第 5 章 资源及环境配置

学习目标：
- 掌握开发环境的安装和配置。
- 掌握组件的概念和使用方法。
- 掌握资源导入和配置的方法。

本章主要介绍Unity集成开发环境的下载、安装和配置的步骤和界面布局，使读者可以在Unity集成开发环境中进行开发、效果预览和其他操作；介绍了组件的概念和使用方法，场景、游戏对象、组件、属性的含义和它们之间的关系，使读者了解Unity开发的机制；介绍了各种资源导入Unity的方法，结合案例详细讲解了模型、动画的导入和配置，使读者能够在虚拟现实开发过程中完成动画制作。

5.1 下载安装与注册

扫一扫

下载安装与注册

Unity 2018.2基于不同操作系统提供了不同版本，使用者可以选择安装基于Windows或者Mac OS平台的Unity 3D软件。本节介绍基于Windows平台的Unity 2018.2的下载、安装、注册及配置。

Unity安装有2种方式：从Unity Hub安装和从Unity Installer安装。下面给将分别介绍这两种方式。

（1）从Unity hub安装。从Unity官方网站下载Unity 3D引擎。Unity中国官网地址是：https://Unity.cn/，进入官网，如图5-1所示。

图5-1　Unity中国官网

单击右上角"下载Unity"按钮，进入下载页面，如图5-2所示。

图5-2　下载页面

此处选择2018.2.1版本，单击"从Hub下载"按钮（Unity Hub是Unity提供的安装和管理，可以用来安装Unity编辑器，管理Unity版本、Unity许可证和Unity项目）。此时会弹出登录窗口，如图5-3所示。

单击"立即注册"按钮，弹出注册窗口，如图5-4所示。

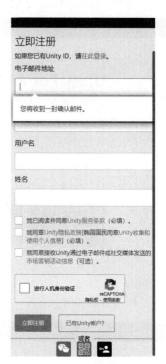

图5-3　登录窗口　　　　　　　　　　　图5-4　注册窗口

注册完毕后登录账号。此时就可以下载Unity Hub的安装包了。双击安装包，完成Unity Hub的安装。安装完成后登录，可以从Unity Hub安装Unity 2018.2.1。

（2）从Unity Installer安装。同样先注册，然后下载Unity Installer，如图5-5所示。

图5-5　下载Unity

下载完毕后双击文件运行，根据提示，选择安装路径，一步一步完成安装。安装过程需要联网。

安装详细步骤如下：

① 双击下载的Unity Download Assistant-2018.2.1f1.exe文件。

② 进入欢迎界面，单击"Next"按钮，如图5-6所示。

③ 进入License Agreement界面，勾选"I accept the terms of the License Agreement"复选框，单击"Next"按钮，如图5-7所示。

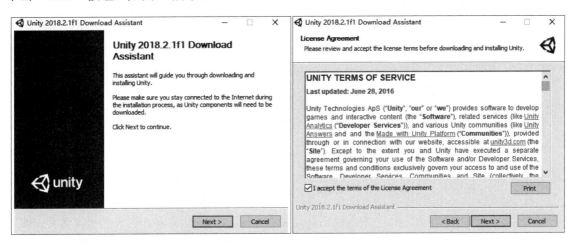

图5-6　欢迎界面　　　　　　　　图5-7　"License Agreement"界面

④ 在"Choose Components"界面，单击"Next"按钮，如图5-8所示。

⑤ 在"Choose Download and Install locations"界面，设置下载和安装路径，完成后单击"Next"按钮，如图5-9所示。

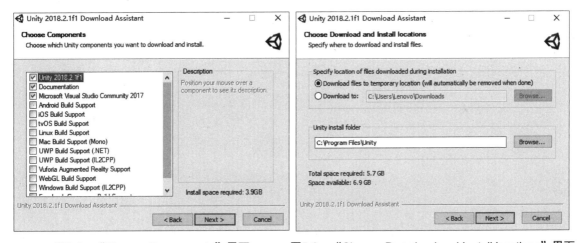

图5-8　"Choose Components"界面　　图5-9　"Choose Download and Install locations"界面

⑥ 进入"License Agreement"界面，勾选"I accept the terms if the License Agreement"复选框，单击"Next"按钮，如图5-10所示。

⑦ 进入"Downloading and Installing"界面，等待下载安装完成，如图5-11所示。

⑧ 安装完成后，打开Unity，登录账号。登录完毕后Unity编辑器就可以使用了。

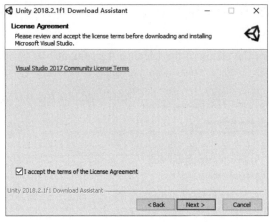
图5-10 "License Agreement"界面

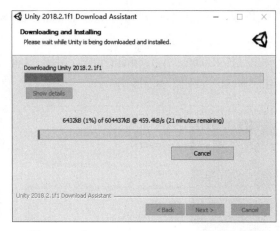
图5-11 "Downloading and Installing"界面

> "1+X"证书职业技能等级要求：能安装虚拟现实开发编辑器，并正常启动。能安装虚拟现实开发引擎，并正常启动。能配置虚拟现实开发引擎参数（项目名称、包名、项目类型、发布版本等），并创建项目工程。能配置虚拟现实编辑器参数（发布平台、帧率等）与硬件设备相匹配。能搭建项目工程目录结构，并按目录结构存储图片、模型、音频、视频等资源。

5.2 资源导入

5.2.1 资源管理

打开Unity后，创建第一个3D项目，如图5-12所示。

扫一扫
资源导入

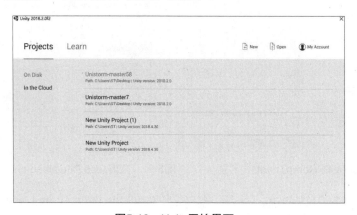

图5-12 Unity开始界面

单击"New"按钮，新建一个3D项目，如图5-13所示。

为项目命名，选择存储路径，模板选择3D，单击"Create Project"按钮。创建完成后，进入Unity编辑器界面，此时打开的是新建的空项目。

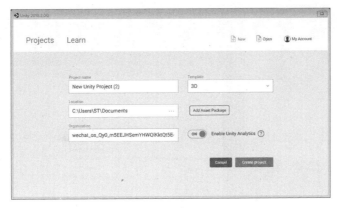

图5-13 新建3D项目

制作一个3D项目，首先要进行策划，然后准备素材、资源。项目中的各种资源要合理地管理。Unity中，资源管理主要体现在存储路径的选择和设置。Unity中，项目中所有文件都存储在Assets文件夹下，可以从Project面板中查看，如图5-14所示。

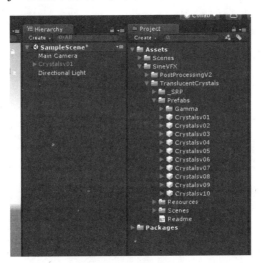

图5-14 查看Assets

在一个项目中，通常会有模型、材质、预制体、脚本、音频、视频等各种类型的资源，这些资源需要分门别类存储在不同的文件内，从而便于管理。

在Assets中创建文件夹（见图5-15）的方法是：在Project面板右击，选择"Create>Folder"命令；或者在Project面板单击"Create"按钮，选择"Folder"命令。

在Project面板中右击，选择"Show in Explorer"命令；或者选择"Assets>Show in Explorer"命令，打开项目文件夹在计算机中的实际存储路径，可以直接将文件复制到其中。

Unity资源商店为使用者提供了多种资源，可供使用者购买和下载，如模型、动画、特效、材质、音频、视频、插件等，使用者也可以在资源商店中出售其开发的资源。

官方资源商店的网址是：https://assetstore.unity.com/，也可以在Unity 3D中选择"Windows>General>Asset Store"命令（快捷键【Ctrl+9】），在Unity编辑器中打开资源商店页面。

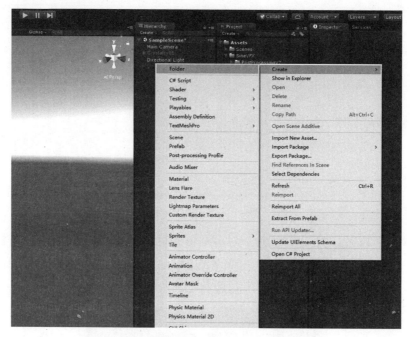

图5-15　创建文件夹

5.2.2　资源包导入

选择"Assets>Import Package>Custom Package"命令，如图5-16所示。在弹出的对话框中选择需要导入的资源，如图5-17所示；或在Project面板右击，选择"Import Package>Custom Package"命令。导入窗口如图5-18所示。

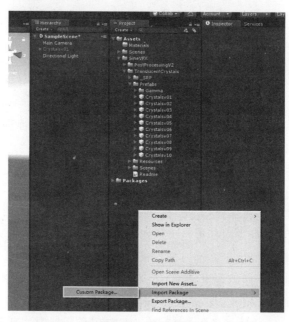

图5-16　导入资源

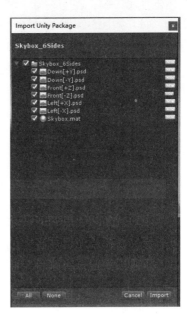

图5-17　选择需要导入的资源　　　　　图5-18　导入窗口

5.2.3　资源包导出

当项目中一些资源需要重复使用时，可以将这些资源导出为资源包，由另一个项目导入使用。

资源包导出的步骤：

（1）选择"Assets>Select Dependencies"命令，从Project面板中选中需要导出的资源，如图5-19所示。

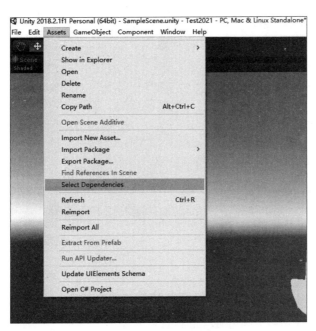

图5-19　选中主要导出的资源

（2）如图5-20所示，选择"Assets>Export Package"命令，在弹出的"Exporting package"对话框中，选择文件，单击"Export"按钮，如图5-21所示。

（3）在弹出的对话框中设置资源包的存储路径及资源包名称，单击"保存"按钮，如图5-22所示。

图5-20　"Export Package"命令

图5-21　"Exporting package"对话框

图5-22　设置资源包的存储路径及资源包名称

5.2.4　模型导入

主流建模软件有如下几种：

（1）Autodesk 3D Studio Max，简称3ds Max，是Autodesk公司开发的基于PC系统的三维动画渲染和制作软件。具有建模步骤可堆叠的特性，具备强大的角色动画制作能力。

（2）Autodesk Maya是Autodesk公司出品的三维动画软件，主要用于制作影视广告，角色动画，电影特技等，制作效率高，渲染真实感强。

（3）Cinema 4D由德国Maxon Computer公司开发，以极高的运算速度和强大的渲染插件著称，应用广泛，在广告、电影、工业设计等方面都有出色的表现，在用其描绘的各类电影中表现突出，随着其越来越成熟的技术受到越来越多的电影公司的重视。例如影片《阿凡达》由花鸦三维影动研究室中国工作人员使用Cinema 4D制作了部分场景。

本节以3ds Max为例，讲述从三维建模软件中将模型导入Unity的过程。

（1）检查模型。

Unity可以识别3ds、fbx、obj等格式的模型文件。fbx格式能够保留模型的贴图材质以及动画信息，所以一般选择fbx格式的模型文件。建模软件导出模型之前，需要对模型进行检查，这里要注意的是当场景有动画模型时，需要在制作动画之前对模型进行检查。需要检查的问题有长度单位、文件名称、坐标系等。

① Unity中默认的系统单位是"米"，建模软件默认的系统单位与Unity不完全相同，所以建模时需要将建模软件中的系统单位重新调整。3ds Max中在自定义菜单的单位设置选项中进行设置。

② Unity中如果出现中文名称可能会报错，所以需要将模型文件名称的中文改为英文。材质球等也需要以英文命名。

③ 3ds Max中是右手坐标系统，而Unity中是左手坐标系统，3ds Max当中z轴朝上，Unity当中y轴朝上，所以需要将3ds Max当中的模型坐标轴进行旋转，使其导入Unity后方向正确。

（2）导出模型。

全部检查完毕后可以对模型进行导出，选中要导出的模型，执行导出命令，选择fbx格式导出。设置保存路径和文件名，注意文件名用英文。在弹出的FBX Export窗口中勾选"嵌入的媒体"选项，高级选项中轴转化为y轴朝上，确认后将在本地保存fbx文件。此时可以将fbx拖动到Unity的Project面板中Assets文件夹中，完成模型导入。模型导入后可将其拖动到场景中，生成游戏对象。

5.2.5 Unity资源商店的使用

下面以下载Translucent Crystal这个资源为例，讲解如何下载和使用Unity资源商店中的资源。

详细步骤：

（1）打开浏览器，输入网址https://assetstore.unity.com/，登录Unity账号。或者打开Unity编辑器，选择"Windows→General→Asset Store"命令（快捷键【Ctrl+9】），打开Asset Store界面，如图5-23所示。

图5-23 打开Asset Store界面

（2）通过关键字搜索资源，或通过类别、价格、版本等条件进行资源筛选，如图5-24所示。

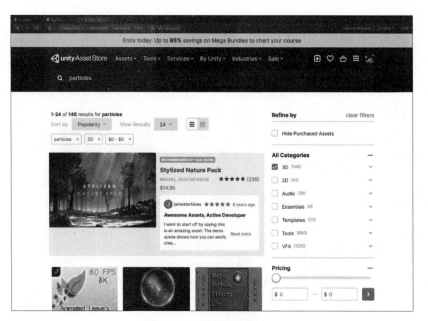

图5-24 根据条件筛选资源

（3）付费资源单击"BuyNow"按钮可进行购买，免费资源单击"Download"按钮即可下载，如图5-25所示。下载时注意该资源支持的Unity版本，若不支持当前版本的Unity，资源导入时会报错。

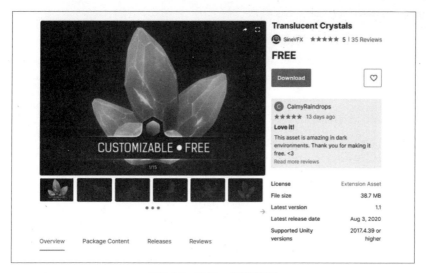

图5-25 购买、下载资源

（4）下载完成后，单击"Import"按钮，Unity编辑器会弹出"Import Unity Package"窗口，该窗口中可以选择需要导入的资源，如图5-26所示。单击"Import"按钮可将资源导入项目中。此时Project面板的Asset文件夹下会显示导入的资源，如图5-27所示。

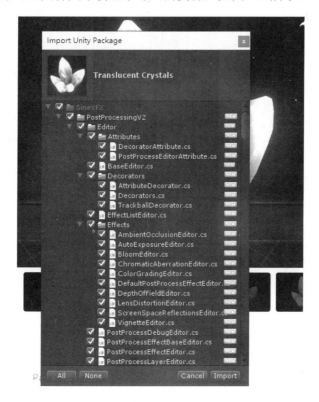

图5-26 导入资源

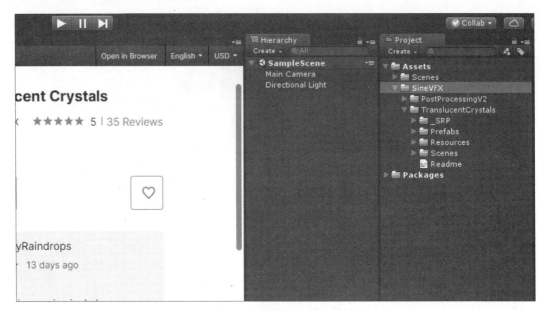

图5-27 查看导入的资源

(5)使用导入的资源。在Project面板中找到资源文件夹,将资源中的预制体拖入场景中,如图5-28所示。

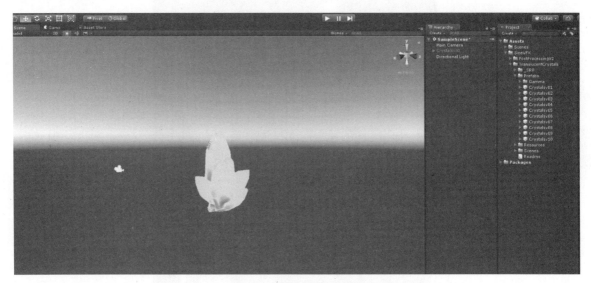

图5-28 使用导入的资源

5.3 组　　件

5.3.1 组件的概念

游戏对象创建出来之后，就会在场景面板中显示出来，根据对象特征的不同而为其添加不同的属性和功能，而属性和功能就是组件。

一个游戏对象，可以由若干个组件组成。组件通过Unity中Component菜单进行管理。

5.3.2 场景、游戏对象和组件的关系

场景，就是游戏中的一个一个画面。而游戏对象就是画面中摆放的那一个一个的物体。物体添加到场景中后，如果只是静止的，便没有丝毫意义，实际开发中，我们需要为这个游戏对象添加不同的属性和功能，属性和功能就是组件。

通常情况下，项目是由多个场景组成的。场景则是由多个游戏对象构建出来的画面。而组件是服务于游戏对象的，可以为一个游戏对象绑定一个或多个组件，实现更为完美的界面效果和程序功能。它们的关系如图5-29所示。

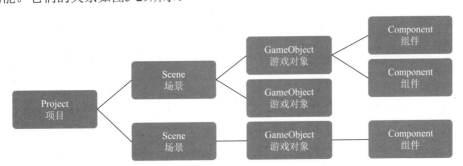

图5-29　项目、场景、游戏对象和组件的关系

5.3.3 组件的作用

游戏对象添加到场景中以后，虽然也能够创建出类似游戏中的画面，但是仅靠这些美术素材是无法完整形象地描述出游戏过程的，还需要这些素材能够按玩家的操控运动，能够展现某种特效和音效，以及对玩家操作产生的某种反应等。而组件就是用来将这类展现特效和音效、响应玩家操作等功能和美术素材相结合的载体。通过组件会让你在游戏项目的视觉和游戏变化中产生更好的体验。

5.3.4 组件的使用

1. 查看组件

选中Hierarchy面板中的游戏对象，在Inspector面板会显示出绑定到该对象上的所有组件，如图5-30所示。

2. 添加和删除组件

1）添加组件

方法一：选中游戏对象，在Inspector面板单击"Add Component"按钮，在弹出的窗口按类别查找需要添加的组件，或在弹出的窗口中搜索关键字，如图5-31所示。

图5-30　查看组件

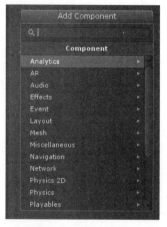

图5-31　添加组件

方法二：选中游戏对象，在Component菜单中按类别选择需要添加的组件，如图5-32所示。

2）删除组件

在Inspector面板中找到需要删除的组件，单击该组件右上角的设置按钮（小齿轮），选择"Remove Component"命令即可，如图5-33所示。

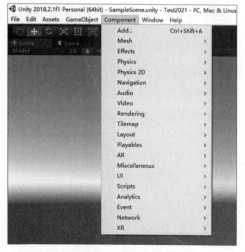

图5-32　添加组件

图5-33　删除组件

3. 常用内置组件

1）Transform变换组件

Unity 中添加到场景中的任何一个游戏对象，默认都包含一个称为 Transform 的组件，如图5-34所示，该组件用于设置游戏对象的位置、旋转角度、缩放大小等，通过面板中Transform对应的 Position、Rotation、Scale 三项进行设置。其中，每一项都由X、Y、Z 三个值组成。

2）Rigidbody刚体组件

刚体组件是物理类组件，添加有刚体组件的物体，会像现实生活中的物体一样有重力、会下落、能碰撞，如图5-35所示。

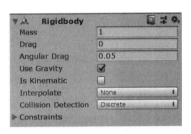

图5-34 Transform变换组件　　图5-35 Rigidbody刚体组件

常用属性：

- Mass属性：设置物体的质量，质量越大，物体越重。
- Drag属性：空气阻力，0表示无阻力，值很大时物体会停止运动。
- Angular Drag属性：物体如果被撞击，会做旋转运动，这个角阻力就是这个旋转的力度。0表示无阻力，值很大时物体会停止运动。
- Use Gravity属性：是否使用重力。默认勾选，取消勾选则刚体物体不受重力控制。
- Is Kinematic属性：勾选后表示这物体只受Transform影响不受Force影响（即只能移动，不会受力。可以用来模拟角色，这样碰撞其他物体就不会受反弹力）。

3）Mesh Filter网格过滤器组件

Mesh是指模型的网格，3D模型是由多边形拼接而成，而一个复杂的多边形，实际上是由多个三角面拼接而成。所以一个3D模型的表面是由多个彼此相连的三角面构成。三维空间中，构成这些三角面的点以及三角形的边的集合就是Mesh。

网格过滤器中有一个重要的属性"Mesh"，该属性用于存储物体的网格数据，它可以从资源中拿出网格并将网格传递给网格渲染器（Mesh Renderer），用于在屏幕上渲染，如图5-36所示。

在导入模型资源时，Unity会自动创建一个网格过滤器。Mesh是网络过滤器实例化的对象。开发者可以通过脚本来创建和修改，并且通过Mesh类生成或修改物体的网格能够做出普通方法难以实现的变形特效。

4）Mesh Renderer渲染物体模型组件

Mesh Renderer（见图5-37）是网格渲染器，作用是从

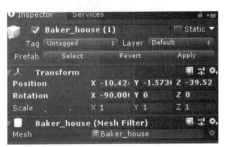

图5-36 Mesh Filter网格过滤器组件

网格过滤器中获得几何体的形状，然后进行渲染。

场景中的游戏对象如果移除了Mesh Renderer组件，则可以认为其外观是不可见的，但该对象仍然存在。

5）Collider碰撞体组件

Unity中内置了多种碰撞体组件：Box Collider、Sphere Collider、Mesh Collider等，适用于不同形状的游戏对象。它们的形状不同，功能类似。

以Box Collider（盒碰撞器）为例，盒碰撞器是一个立方体外形的基本碰撞体，该碰撞体可以调整为不同大小的长方体，可以做门、墙等，如图5-38所示。

常用属性：

- Edit Collider：编辑碰撞器（调整大小、形状等）。
- Is Trigger：触发器。
- Material：材质。
- Center和Size：改变碰撞器的范围和位置。

图5-37 Mesh Renderer渲染物体模型组件

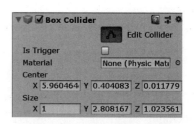

图5-38 Collider碰撞体组件

6）Animation动画组件

在Windows菜单中，可选中需要添加动画的物体，打开Animation面板，进行动画录制，如图5-39所示。操作步骤如下：

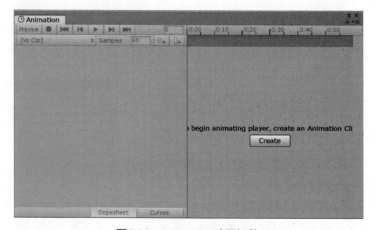

图5-39 Animation动画组件

（1）单击"Create"按钮创建动画，命名后保存。

（2）单击"Add Property"按钮添加属性，此处选择"Transform Position"。

（3）单击录制的红点。创建两个关键帧，光标移到第一个关键帧，设置初始位置；光标移到第二个关键帧，设置结束位置。

（4）单击红点，结束录制。

7）Audio Source声音组件

音频文件可以直接作为gameobject放在场景中，也可以在物体上添加Audio Source组件，在Audio Source组件中进行设置，如图5-40所示。

常用属性：

- Audio Clip：音频剪辑需要播放的音频资源。
- Output：音频输出。
- Mute：静音，如果启用，播放音频没有声音。
- Bypass Effects：直通效果，这是一个简单打开/关闭所有音效的办法。
- Bypass Listener Effects：是否忽略Listener上的应用效果。
- Bypass Reverb Zones：是否忽略混响区域。

8）Video Player视频组件

视频文件可以直接作为gameobject放在场景中，也可以在物体上添加Video Player组件，在Video Player组件中进行设置，如图5-41所示。

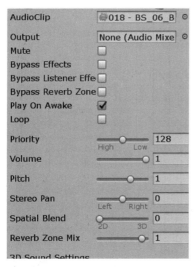

图5-40　Audio source声音组件

图5-41　Video player视频组件

常用属性：

- Video Clip：视频剪辑需要播放的视频资源。
- Play On Awake：脚本载入时自动播放。
- Wait For First Frame：决定是否在第一帧加载完成后才播放，只有在Play On Awake被勾选是才有效。可以防止视频最前几帧被跳过。

- Loop：循环。
- Playback Speed：播放速度。

9）Light灯光组件

Light物体带有Light组件，其他物体也可以添加Light组件，如图5-42所示。

常用属性：

（1）Type：类型，灯光对象的当前类型，有以下4种。

① Directional：平行光，平行发射光线，可以照射场景里所有物体，用于模拟太阳。

② Point：点光源，在灯光位置上向四周发射光线，可以照射其范围内所有对象，用于模拟灯泡。

③ Spot：聚光灯，在灯光位置上向圆锥区域内发射光线，只有在这个区域内的物体才会受到光线照射，用于模拟探照灯。

图5-42　Light灯光组件

④ Area：区域光，由一个面向一个方向发射光线，只照射该区域内物体，仅烘焙时有效，用在光线较为集中的区域。

（2）Range：范围，光从物体的中心发射的范围，仅适用于点光源和聚光。

（3）Spot Angle：聚光角度，灯光的聚光角度，仅适用于聚光灯。

（4）Color：颜色，光线的颜色。

（5）Intensity：强度，光线的明亮程度。

（6）Culling Mask：选择遮蔽层，选择要照射的层。

（7）Shadow Type：阴影类型，包括硬阴影、软阴影。

（8）Strength：强度，阴影的黑暗程度。

（9）Resolution：分辨率，设置阴影的细节程度。

（10）Bias：偏移，物体与阴影的偏移。

（11）Cast/Receive Shadows：当前物体是否投射/接收阴影。Off 为不投射阴影；On为投射阴影；Two Sided为双面阴影；Shadows Only为隐藏物体，只投射阴影。

10）Camera摄像机组件

Camera物体具有Camera组件，其他物体也可以添加Camera组件，如图5-43所示。

常用属性：

（1）Clear Flags：清除标识，决定屏幕的空白部分如何处理。

① Skybox：天空盒，空白部分显示天空盒图案。

② Solid Color：纯色，空白部分显示背景颜色。

③ Depth Only：仅深度，画中画效果时，小画面相机选择该

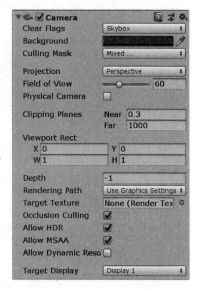

图5-43　Camera摄像机组件

项可清除屏幕空白部分信息，只保留物体颜色信息。

④ Don't Clear：不清除，不清除任何颜色或深度缓存。

⑤ Background：背景，所有元素绘制完成后，没有天空盒情况下，剩余屏幕的颜色。

（2）Culling Mask：剔除遮罩，设置相机照射的层。

（3）Projection：投射方式。

（4）Perspective：透视，物体有近大远小的效果。

（5）Orthographic：正交，没有透视感，一般处理2D UI。

（6）Size：大小（正交模式下的参数），摄像机视口的大小。

（7）Field of View：视野（透视模式），设置相机视野的远近距离。

（8）Clipping Planes：裁剪面，相机从开始到结束渲染的距离。

① Near：近，绘制的最近点。

② Far：远，绘制的最远点。

（9）View Rect：视口矩形，标明这台相机视图将会在屏幕上绘制的屏幕坐标。

① X：摄像机视图的开始水平位置。

② Y：摄像机视图的开始垂直位置。

③ W：宽度，摄像机输出在屏幕上的宽度。

④ H：高度，摄像机输出在屏幕上的高度。

（10）Depth：深度，绘图顺序中的相机位置，具有较大值的相机将被绘制在具有较小值的相机的上面。

① Target Texture：描述渲染纹。

② Occlusion Culling：遮挡剔除。

③ Allow HDR：高动态范围图像，相比普通的图像，可以提供更多的动态范围和图像细节。

④ Allow MSAA：允许进行硬件抗锯齿。

⑤ Target Display：目标显示器。

5.4　动画导入与设置

5.4.1　动画导入

导入动画和导入3D模型的流程相同，将其拖动到Project面板中Assets文件夹下即可，动画会包含在3D模型中。

通常情况下，含动画的模型导出的fbx文件会同时包含网格信息和动画信息，但有时fbx文件只需要导出动画信息。例如，同一个模型有很多动画，网格信息只需要一个就够了，其他动画信息可以通过单独的模型文件（不包含网格信息）导出，可以减小Unity工程的体积。

有些情况下动画可以重用，用于场景中同类的模型。例如，不同的人形角色可能都使用相同的走动和跑步动画。只要保持骨骼结构一致，动画就可以重用。

扫一扫

动画导入与设置

5.4.2 动画控制器

动画控制器（Animator Controller）是Unity中为了使用户更加方便地完成动画制作而引入的一种工具，通过动画控制器可以将动画开发与代码分离，开发者仅需要在Unity中通过单击和拖动就能完成大部分动画制作的内容。本节主要介绍动画控制器的创建和配置，结合一个案例讲解如何运用动画控制器来控制人物角色在不同情况下的动作切换。

1. 创建动画控制器

在Project面板中右击，选择"Create>Animator Controller"命令，创建一个动画控制器，如图5-44所示。

图5-44　创建动画控制器

双击这个动画控制器，进入动画控制器编辑窗口，如图5-45所示。

图5-45　打开动画控制器编辑窗口

2. 配置动画控制器

1）动画状态机

一个模型在游戏中可能需要播放不同的动画。例如，一个人物角色默认状态下在原地待机，在接到指令后开始走路，当移动速度达到某个值时跑步。待机、走路和跑步是三个不同的动画，使用代码来控制这三种动画的播放是比较复杂的。为了简化这个问题，Unity也就引入了动画状态机来更为方便地控制角色动画。

每一个动画状态机都对应一个动画。每个Animator Controller都会自带三个状态机：Any State、Entry和Exit。

Any State状态是表示任意动画状态的特殊状态单元。Entry状态表示本动画状态机的入口，但是Entry本身并不包含动画，而是指向某个带有动画的状态，并设置其为默认状态，被设置为默认状态的状态会显示为橘黄色。Exit表示本动画状态机的出口，以红色标识。当需要从子状态机中返回到上一层（Layer）时，把状态指向Exit即可退出子状态机。

2）动画过渡条件

动画状态机之间的箭头表示两个动画之间的连接，在状态机上右击，选择"Make Transition"选项，然后单击另一个状态机，创建两个动画之间的过渡关系。动画过渡关系用来实现对动画的控制。

状态控制参数有Float、Int、Bool和Trigger四种。在动画状态机窗口左侧的Parameters界面中，单击右上角的"+"，可选择需要添加的状态控制参数类型，如图5-46所示。选中后为参数命名和赋初值，如图5-47所示。

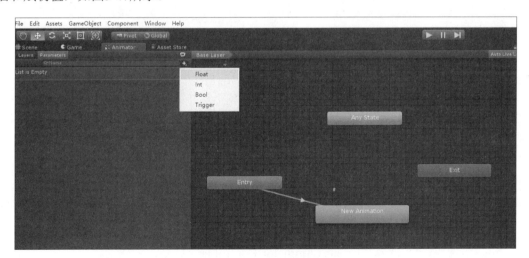

图5-46 添加状态控制参数

图5-47 设置参数初始值

选中要添加参数的过渡关系（状态机之间的箭头），在Inspector面板中的Conditions列表中单击"+"，添加参数，如图5-48所示。选择参数，为参数添加对比条件。不同类型的参数的对比条件也不同，例如Float类型参数的对比条件是Greater和Less，即更大或更小。当对比条件成立时，会从一个动画状态机跳转到另一个动画状态机。若同时存在多个对比条件，则需要所有条件都成立才能跳转。

3）脚本控制动画状态

本例要实现的功能是：单击"行走"按钮，人物原地行走；单击"停止"按钮，人物停止在原地。人物的默认状态是停止。

将Standing Idle.fbx和Walking.fbx两个文件拖动到Unity的Project面板中，完成导入。导入后，Project面板会出现这两个文件，将这两个文件展开，可看到都包含了动画，如图5-49所示。

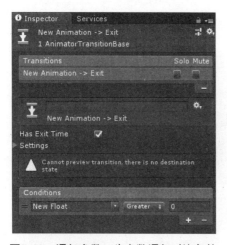

图5-48　添加参数，为参数添加对比条件

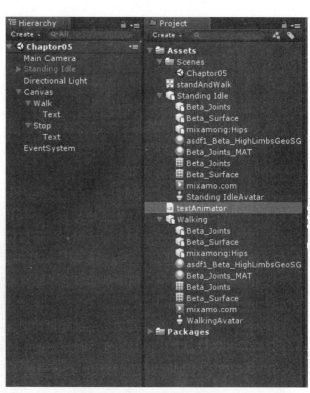

图5-49　将动画导入Unity中

在Project面板右击，选择"Create>Animator Controller"命令，创建动画控制器，将动画控制器命名为StandAndWalk。双击动画控制器，打开Animator面板。将Project面板中两个模型下的动画拖动到Animator中。在这两个状态之间添加过渡关系，如图5-50所示。

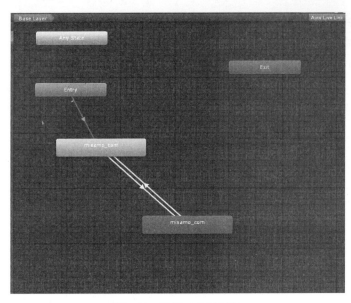

图5-50 设置动画控制器

添加一个Float类型的状态控制参数,参数名为speed,初始值为0,如图5-51所示。

选中两个过渡关系(状态机之间的箭头),在Inspector面板的Conditions列表中,添加一个条件。设置为speed参数,Greater,0.1。另一个过渡条件也添加Condition,设置为speed参数,Less,0.1。即当speed值大于0.1时,从停止过渡到行走动画;当speed值小于0.1时,从行走过渡到停止动画,如图5-52所示。

图5-51 添加状态控制参数

图5-52 设置状态过渡条件

将人物角色Standing Idle模型拖动到场景中，创建游戏对象。选中此游戏对象，在Inspector面板中的Animator组件中，将刚刚创建的StandAndWalk动画控制器拖动到Controller属性中。即这个游戏对象使用这个动画控制器进行控制。

在Project面板中右击，选择"Create→C# Script"命令，创建一个C#脚本。脚本命名为TestAnimator。将脚本挂载在场景中的人物角色的游戏物体上。双击脚本，进行编辑。

脚本代码如下：

```csharp
using System.Collections;
using System.Collections.Generic;
using UnityEngine;

public class testAnimator : MonoBehaviour {
    // 创建一个共有的Animator类的实例，脚本挂载后可从Unity面板中将人物角色的Animator拖动为其赋值
    public Animator myAnimator;
    // 当单击按钮时，调用以下两个方法。
    // 这两个方法分别将speed设置为0和1。
    public void SetWalkSpeed()                  // 设置行走时的speed值
    {
        myAnimator.SetFloat("speed", 1);        // 将speed的值设置为1
        print("walking");
    }
    public void SetStopSpeed()                  // 设置停止时的speed值
    {
        myAnimator.SetFloat("speed", 0);        // 将speed的值设置为0
        print("stop");
    }
}
```

由于在动画控制器中设置了停止和行走两个动画状态之间的过渡条件是speed的值是否大于0.1，在脚本中，单击不同按钮时，设置了不同的speed值，从而实现两种动画状态的切换。

脚本挂载后，选中场景中人物角色物体，在Inspector面板可查看到多了一个组件，即为自定义脚本组件。将此游戏对象的Animator组件拖动到脚本组件的My Animator属性中，如图5-53所示。

在场景中创建Canvas，创建两个按钮，分别命名为Walk和Stop。按钮上的文本设置为"行走"和"停止"，调整按钮的大小和位置。

在按钮的Button组件中，在On Click列表单击"+"按钮，将人物角色物体拖动进去，再在右侧的下拉列表中选择挂载的脚本，选中与按钮对应的设置speed值的方法，如图5-54所示。

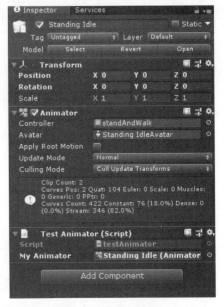

图5-53 为变量赋值

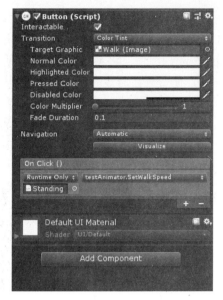

图5-54 添加状态控制条件

调整摄像机视角，便于运行时观察人物角色的动作。

完成后单击"运行"按钮，运行项目。当单击不同按钮时，人物角色会切换不同的动画，如图5-55所示。

图5-55 运行结果

5.5 音频导入与设置

Unity支持多种音频格式，包括 mp3、wav、ogg等。

操作步骤：

（1）准备一个Unity支持格式的音频文件。

(2) 将音频文件拖到Unity的Project面板中Assets文件夹下。

(3) 创建一个游戏对象（可以是空对象），作为音频播放的载体。

(4) 为游戏物体添加Audio Source组件。将Assets文件夹下的音频文件拖到Audio Clip属性中，并勾选Play On Awake和Loop，使音频在游戏开始运行时就播放，并循环播放。完成后单击"运行"按钮查看。

5.6 视频导入与设置

5.6.1 平面视频导入与设置

Unity支持多种视频格式，包括 mp4、mov、avi等，一般MP4较为常用。如果视频格式不是Unity所支持的视频格式，可以利用格式工厂或PR等软件来转换，才能导入Unity。

操作步骤：

(1) 准备一个Unity支持格式的视频文件。

(2) 将视频文件拖到Unity的Project面板中Assets文件夹下。

有时视频文件导入Unity会出现无法正常识别的情况，如果未能成功识别，可能的原因是计算机未安装视频播放器或本身视频播放器不适配，可以尝试通过安装Quick Time Player来解决这个问题。

(3) 创建一个游戏对象，作为视频播放的载体。调整游戏对象的位置、角度和缩放，使其便于观看。

(4) 为游戏物体添加Video Player组件。将Assets文件夹下的视频文件拖到Video Clip属性中，并勾选Play On Awake和Loop，使视频在游戏开始运行时就播放，并循环播放。完成后单击"运行"按钮查看。

5.6.2 全景视频导入和设置

全景视频是360度的视频，用户在观看视频的时候，可以通过鼠标或键盘调节视频上下左右进行观看，并且上下左右看到的画面是同步变化的。越来越多的视频播放器和网站支持全景视频，Unity中也可以导入全景视频进行观看。

操作步骤：

(1) 将全景视频资源导入Project面板的Assets文件夹下。

(2) 在场景中创建一个球体，调整位置和缩放。

(3) 创建一个材质，Shader选择skybox/Panoramic，将该材质拖动到球体上。

(4) 场景中创建一个Video Player，将导入的全景视频文件，拖动到Video Player上。

(5) 修改Video Player组件中的Render Mode为Material Override，然后将已经具备材质的球体拖动到Renderer上。完成后运行查看。

小　结

本章介绍了Unity的下载、安装和配置，Unity中场景、游戏对象、组件、属性的基本含义以及它们之间的联系和区别、常用组件的使用、资源导入和配置。其中重点讲解了组件的使用和模型、动画的导入以及脚本控制动画。通过本章的学习，读者能够对组件、模型等相关知识有更深的理解，并能够在虚拟现实项目开发中制作动画。

习　题

1. 列举主流3D建模软件，简述将3D模型导入Unity的流程。
2. 导入一个人物角色模型，并进行相关配置。
3. 简述什么是动画控制器、动画状态机和过渡关系。
4. 列举Unity中常用的组件，并简述它们的作用。

第 6 章　美术设计

学习目标：

- 了解Unity中渲染与光照、地形系统、物理系统、动画系统、粒子系统、UI交互系统的基本操作。
- 熟悉每个系统的特性。
- 掌握每个系统的使用原理。

6.1　光照与渲染

6.1.1　标准Shader

扫一扫

光照与渲染组件

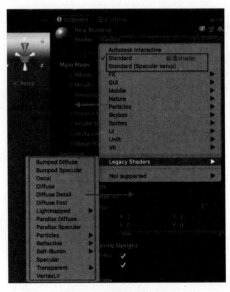

图6-1　新增渲染功能

Shader中文名为着色器，是专门用来渲染图形的一种技术。Shader其实就是一段代码，它告诉图形处理器（GPU）怎样去绘制模型的每一个顶点的颜色以及最终每一个像素点的颜色。Shader新增的渲染功能如图6-1所示。

1．Shader的作用

在Unity中所有看到的无论是天空盒场景、角色、模型、特效等都是Shader渲染的功劳。

2．Shader与材质、模型

材质的核心就是Shader，贴图需要通过材质才能作用在模型或游戏物体上；模型需要不同的材质表现不同的质感，如皮质、木质等，所以不同质感的材质就需要修改对应材质球的Shader参数来实现，如图6-2所示。

3．功能布局

标准Shader的布局（见图6-3）主要分为三个部分：

（1）渲染模式区域：创建完一个材质球，第一步就需要根据这个材质球要渲染的物体特性设置不同的渲染模式。

（2）主贴图区域：用于设置Shader的主要贴图，使用这个区域的贴图和设置项控制模型最终的渲染效果。

（3）次贴图区域：用于设置Shader的次要贴图，用于给模型增加细节，增加模型的精致度。

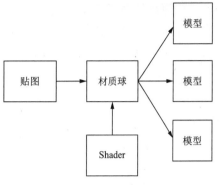

图6-2　Shader与材质模型

6.1.2　渲染模式

Shader的四大渲染模式（见图6-4）如下：

（1）Opaque：不透明作用，用于渲染所有不透明的物体，这类物体在场景中是最多的，占整个场景的60%左右。

（2）Cutout：镂空作用，用于渲染有镂空的物体。

（3）Fade：隐现作用，用于渲染实现物体的渐隐和渐现。

（4）Transparent：透明作用，用于渲染有透明效果的物体。

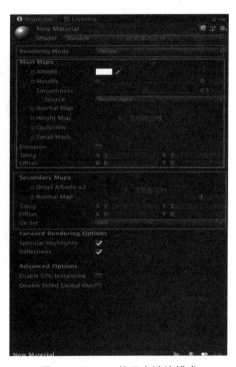

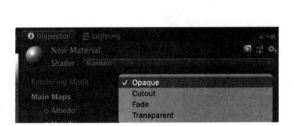

图6-3　标准Shader的功能布局　　　　图6-4　Shader的四大渲染模式

6.1.3　光照系统与烘焙

1．Unity的光照系统

光照系统又称为照明系统，作用就是给场景带来光源，照亮场景。想让游戏场景变得更好看，光照系统必不可少。

光照系统的组建分为光源组件和烘焙组件，光源组件包含线性光源、照射光源、点光源、区域光源。烘焙组件包括灯光探头组、反射探头、灯光设置。

2. 烘焙光照

Unity光照通过烘焙将复杂的CPU运算负担转交给了显卡GPU的轻量图形运算，不仅优化了作品的实时运行，还可以产生出色的光照效果。烘焙光照的特点是将场景中的光源信息事先烘焙为"光照贴图"，用这些贴图存储光照，然后引擎会自动将这些"光照贴图"与场景模型相匹配，实现静态的光照效果。

Lightmapping（光照贴图技术），它可以通过较少的性能消耗使得静态场景看上去更真实、丰富以及更具有立体感，与Lightmapping相关的功能已经被完全整合在Unity引擎中，利用简单的操作就可以制作出平滑真实的光影效果。

3. 烘焙参数详解

（1）模型设置：所有烘焙物体的Mesh必须要有合适的Lightmapping UV。如果不确定，就在导入模型设置中勾选Generate Lightmap UVs，任何Mesh Renderer、Skinned Mesh Renderer或者Terrain都要标注为static。

（2）灯光设置：烘焙光照有三种模式：Realtime、Mixed、Baked，如图6-5所示。

图6-5　烘焙光照三种模式

① Realtime：选择该类型，光源不参与烘焙，只作用于实时光照。

② Mixed：混合光照是提供一种介于全烘培光照和全实时光照的一种折中方案，即某些物体的光照采用烘培，另一些物体的光照采用实时计算。

③ Baked：选择该类型表示光源只在烘焙时使用，其他时间将不作用于任何物体。烘焙光照须将场景中的光源选中更改为Baked模式。

（3）渲染设置：选择"Window>Rendering>Lighting Settings"命令，打开光照设置，如图6-6所示。将渲染设置改为Baked Mode，取消Auto Generate勾选，点击Generate Lighting手动渲染，如图6-7所示。

第6章 美术设计

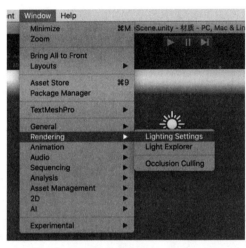

图6-6 渲染设置（1）

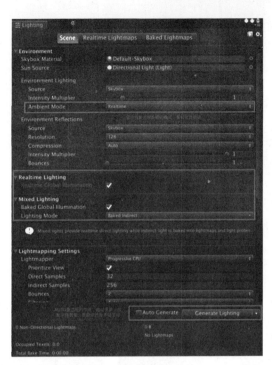

图6-7 渲染设置（2）

（4）渲染参数，如图6-8所示。

① Lightmap Resolution：烘焙分辨率，其实就是生成的光照贴图的分辨率。值越大，效果越好，体积也就越大，烘焙时间也就越长，反之亦然。

② Indirect resolution：烘焙间距，控制烘焙出来的光照贴图，贴图元素信息之间的间距。保持默认的2即可。

③ Lightmap size：图集尺寸，单张光照贴图的最大尺寸。

④ Ambient Occlusion：AO贴图效果，作用和标准着色器里面的AO贴图类似，都是用于优化模型的阴影和转角部分。

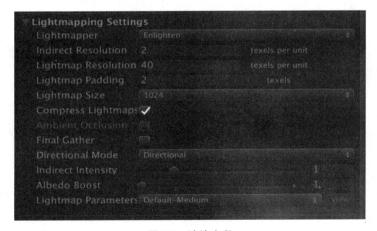

图6-8 渲染参数

6.1.4 场景烘焙

（1）搭建场景：启动Unity应用程序，使用Cube搭建场景，利用Toolbar（工具栏）中的移动、旋转、缩放等命令对所创建的Cube进行编辑，构造一个简单的场景后，将全部模型选中勾选静态属性。如图6-9、图6-10所示。

图6-9　编辑Cube

图6-10　构建场景

（2）构建灯光：创建一盏方向灯光，调整合适的灯光强度与照射方向，并将渲染模式改为静态，如图6-11所示。

（3）渲染设置：调整渲染参数，将渲染模式改为Baked模式，单击烘焙渲染生成光照贴图，如图6-12所示。

图6-11　构建灯光

图6-12　渲染设置

（4）完成烘焙：渲染结束，完成烘焙。运行场景，效果如图6-13所示。

图6-13 烘焙完成的效果图

"1+X"考点：本小节考点有3.6 Render To Textures、3.8 Render、3.10 Shader。

6.2 地形系统

场景在项目开发中占据重要部分，不但是衬托主体、展现内容中不可缺少的要素，更是营造气氛、增强艺术表现力和感染力、吸引观众注意的有效手段之一。早期的2D游戏，使用美工制作的背景图作为整个游戏场景。在Windows游戏编程中，使用BitBlt函数将背景图显示在屏幕上，再将角色的图片拷贝到背景之上。随着计算机软硬件的进步，越来越多的游戏采用3D技术实现画面渲染。游戏场景变得越来越有立体感，越来越逼真，而且使用技术越来越复杂，主要表现手段有游戏地形和地表纹理。

扫一扫

地形系统

在现实生活中，地形是指地球表面的起伏状态，如山地、丘陵、盆地、洼地等。地物是指分布于地表之上的人工或自然景物，如建筑物、江河、森林等。在游戏中，地形是根据地面的基本特征，如山脉、丘陵、河流等，通过高度值的差异表现出高低起伏。

6.2.1 地形组件介绍

（1）创建地形：要创建新地形（Terrain）请选择"GameObject>3D Object>Terrain"命令这会将地形添加到项目（Project）和层级视图（Hierarchy Views）中，如图6-14、图6-15所示。

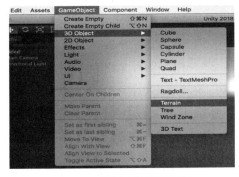

图6-14 新创建的场景视图

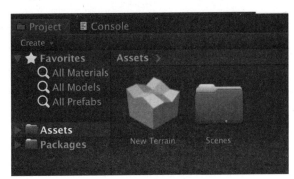

图6-15 工程视图中的新地形资源

（2）Terrain 设置：如果想要不同大小的地形Terrain，可选中地形，在检查器中的Terrain组件中单击图6-16中箭头所指的按钮。

从Mesh Resotution中，可以进行与地形大小相关的多项设置，如图6-17所示。

图6-16　Terrain 设置　　　　　　　　　图6-17　选项功能解释

（3）Raise/Lower Painter工具：笔刷按钮是不同的Terrain工具。有更改高度、绘制材质或添加树木或岩石等细节的工具。单击该工具按钮，即可使用此工具，如图6-18所示。

使用该工具可画出增加地形高度的笔触。单击一次，鼠标将使高度增加一些。按住鼠标按钮并移动鼠标将持续增加高度，直到达到最大高度为止。如图6-19所示。

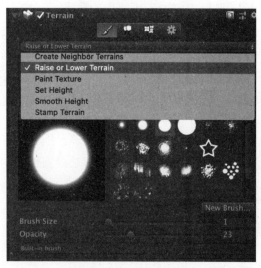 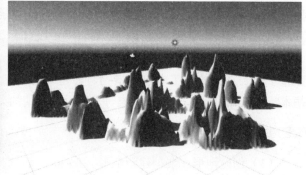

图6-18　地形编辑工具　　　　　　　　图6-19　使用笔刷得到的地形效果

降低高度的前提是地形在Y轴向的高度必须大于0，因为所降低的高度最低点为Y轴的0点。选中笔刷后，将鼠标指针移动到场景视图中的地形上，并按【F】键。

（4）Set Height工具：该工具能够指定目标高度，并将地形的任意部分移向该高度，如图6-20所示。也可以抬高地形的整个高度，按下"Flatten"按钮可以将地形整个抬高并变平整。一旦达到目标高度，地形便会停止移动并保持在此高度。指定目标高度的方法如下：

① 按住【Shift】键并在地形上单击所需高度。

② 在检视器中手动调节高度滑块，效果如图6-21所示。

第6章 美术设计

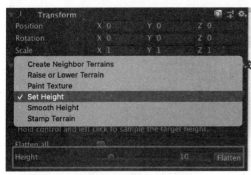

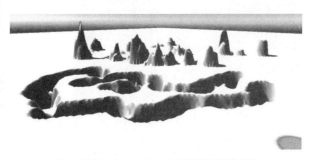

图6-20 Set Height工具　　　　图6-21 使用Set Height工具得到的地形效果

（5）Smoothing Height工具：能够柔化绘制区域中的任何高度差。与其他笔刷类似，可在场景视图中绘制需要平滑的区域，如图6-22所示。

图6-22 Smoothing Height工具

（6）Paint Texture工具：地形纹理（Terrain Texture）也称泼溅贴图，表示可以使用直接绘制到地形上的alpha贴图定义几个重复的高分辨率纹理，并对其进行任意混合。由于与地形尺寸比起来纹理并不大，因此纹理的分布尺寸会非常小，如图6-23所示。

注：使用数量为4的倍数的纹理会为地形alpha贴图的性能和存储提供最大优势。

开始绘制地形纹理（Terrain Textures）之前，需从Project文件夹中添加至少一个纹理到Terrain中：单击"Edit Terrain Layers>Create Layer"，如图6-24、图6-25所示。

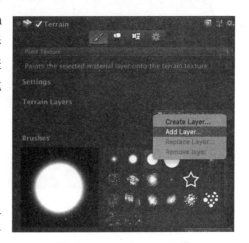

图6-23 Paint Texture工具

（7）Paint trees工具：将树放到地形上之前，需要将树添加到可用树的库里。如图6-26所示，选择"Edit Trees>Add Tree"命令，打开"Add Tree"对话框，如图6-27所示。

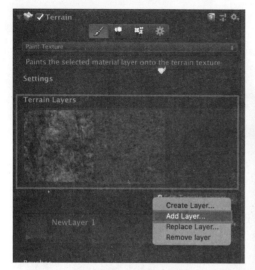
图6-24 当前选中的纹理高亮显示为蓝色

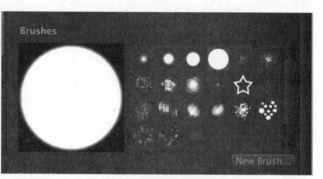
图6-25 当前选中的笔刷高亮显示为蓝色

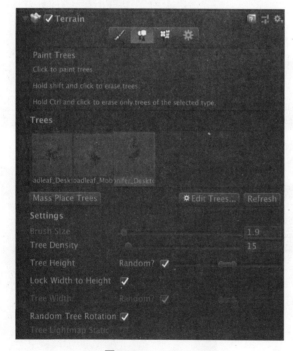
图6-26 Add Tree

图6-27 当前选中的树高亮显示为蓝色

（8）Paint Details工具："Paint Foliage"按钮能够绘制草、岩石或地形上的其他装饰物。

单击"Paint Details"按钮后，将会看到Inspector中出现可以选择的草。绘制草的工作原理与绘制纹理或树相同。选择想要绘制的草，然后直接在场景视图中的地形上绘制，如图6-28、图6-29所示。

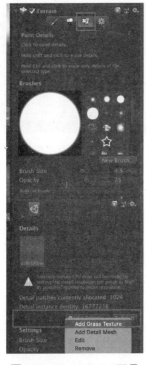

图6-28　Paint Detail工具

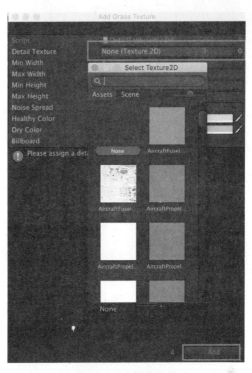

图6-29　选择草样式

6.2.2　场景制作

利用Unity地形工具绘制中心有小湖、四面环山的写实的场景。要求：造型合理，能明确地表现出湖面与山峦的造型；采用写实风格的贴图；场景中有树木、花草、湖面等元素点缀。

（1）地形创建：新建项目工程，创建地形，将起始位置归零，如图6-30、图6-31所示。

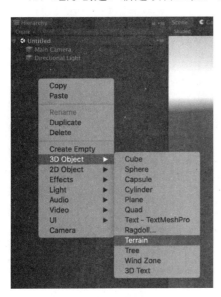

图6-30　创建地形　　　　　　　　　图6-31　起始位置归零

（2）地形高度调节：使用笔刷工具绘制地形效果如图6-32所示。

① 使用Height Painter调整地形高度。

② 使用升笔刷绘制山峰。

③ 使用降笔刷工具按住【Shift】键绘制出地面的凹陷效果。

（3）平滑地形：使用平滑笔刷平滑地形。

（4）纹理绘制：导入贴图资源，将其添加到贴图纹理集中，使用笔刷进行绘制，如图6-33所示。

图6-32　地形高度调节

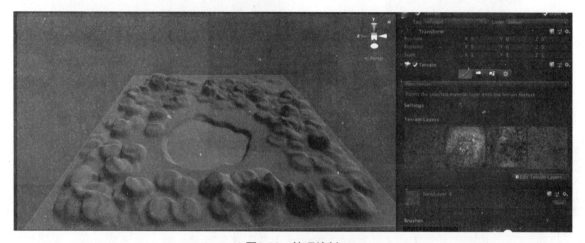

图6-33　纹理绘制

（5）添加树预制体：导入标准环境资源包，在树木添加器中添加树的预制体。

（6）批量添加树资源：单击"Mass Place Trees"，使用批量添加模型的方式，数量控制在100～200，单击"Place"按钮添加。如图6-34所示。

图6-34　添加树预制体

（7）添加细节资源：在细节添加器中添加花草等Detail资源，利用笔刷工具添加到场景中，如图6-35所示。

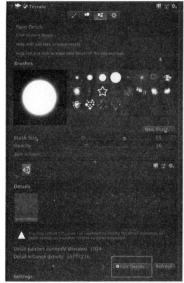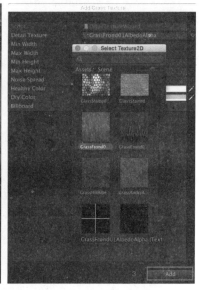

图6-35　添加细节资源

（8）添加水资源：在资源文件夹中检索WaterProDaytime，将预制体拖到湖面位置，完成水资源的添加，如图6-36、图6-37所示。

图6-36　添加水资源　　　　　　　　　　图6-37　添加水资源后效果

> **思政元素**：本小节体现了良好生态环境是民之所愿，是人民共有财富，是全面建成小康社会的重要体现。

6.3 动画系统

扫一扫
动画系统

（1）Animation窗口调用：
① 在菜单栏中可以单击"Window"调用动画窗口。
② 按【Ctrl + 6】组合键调用窗口。

（2）Animation录制窗口：如果没有选中一个游戏物体时是不能进行动画录制的。选中场景中的游戏物体，动画窗口会提示可以为这个游戏物体创建动画，单击"Create"按钮，如图6-38所示。

图6-38　Animation窗口调用

（3）动画片段保存：在单击"Create"按钮之后，会提示将动画片段保存，此时可修改动画片段的名称进行保存，如图6-39所示。

（4）动画录制：单击红点，当右侧的时间轴变红时可以开始录制动画，此时在Add Property中可以选择录制的游戏物体的属性，如图6-40所示。

（5）动画设置：选择一个录制的属性，录制的动画默认时长为1 s，可以通过将最后一个关键帧拖放到合适的时间上实现。每秒动画的帧数为60帧，也可以进行调整。

如果想录制一段移动状态的动画，可以将时间线

图6-39　动画片段保存

拖到最后一帧的位置，调整Position参数的Y轴数值（也可直接拖动Cube），录制一段Cube向上运动的动画，如图6-41所示。

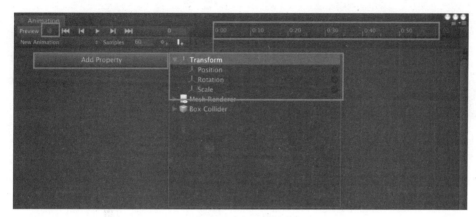

图6-40　动画录制

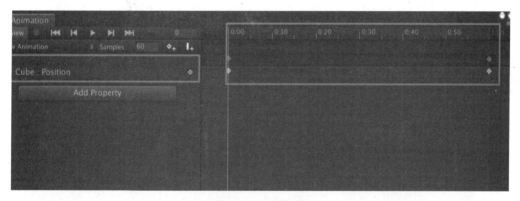

图6-41　动画设置

也可以添加多个录制的属性，例如旋转缩放等同时录制，如图6-42所示。

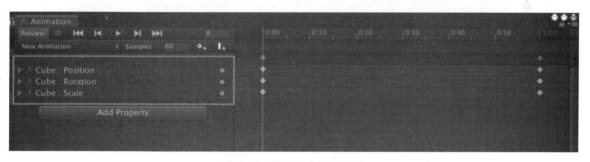

图6-42　添加多个录制属性

（6）创建其他动画片段：在Animation中可以为游戏物体创建多个动画片段。单击"Cube"按钮，选择"Create New Clip"，创建新的动画片段。这样就可以为一个游戏物体创建不同的动画，等待调用，如图6-43所示。

(7) 动画的播放方式：在文件夹中有录制好的动画。选中其中一个片段，可以在检视面板中选择它的播放方式，如图6-44所示。

图6-43 创建其他动画片段

图6-44 动画的播放

(8) 动画窗口：①控制栏；②创建帧率；③曲线属性；④视图模式；⑤时间轴；⑥编辑区，如图6-45所示。

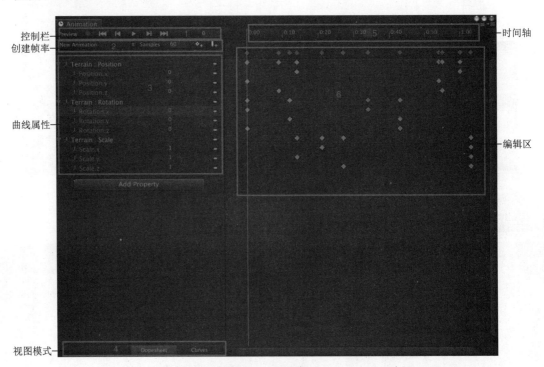

图6-45 动画窗口

6.4 物理系统

6.4.1 刚体系统

Rigidbody（刚体）组件可使游戏对象在物理系统的控制下来运动，刚体可接受外力与扭矩力来保证游戏对象像在真实世界中那样进行运动。任何游戏对象只有添加了刚体组件才能受到重力的影响，通过脚本为游戏对象添加的作用力以及通过NVIDIA物理引擎与其他的游戏对象发生互动的运算都需要游戏对象添加刚体组件。刚体组件的参数如表6-1所示。

扫一扫

物理系统

表6-1 刚体组件的参数

参 数	含 义	功 能
Mass	质量	物体的质量。建议一个物体的质量不要与其他物体相差100倍
Drag	阻力	当受力移动时物体受到的空气阻力。0表示没有空气阻力，极大时使物体立即停止运动
Angular Drag	角阻力	当受扭力旋转时物体受到的空气阻力。0表示没有空气阻力，极大时使物体立即停止旋转
Use Gravity	使用重力	该物体是否受重力影响，若激活，则物体受重力影响
Is Kinematic	是否运动学	游戏对象是否遵循运动学物理定律，若激活，该物体不再受物理引擎驱动，而只能通过变换来操作。适用于模拟运动的平台或者模拟由铰链关节连接的刚体
Interpolate	插值	物体运动插值模式。当发现刚体运动时抖动，可以尝试下面的选项：None（无），不应用插值；Interpolate（内插值），基于上一帧变换来平滑本帧变换；Extrapolate（外插值），基于下一帧变换来平滑本帧变换
Collision Detection	碰撞检测	碰撞检测模式，用于避免高速物体穿过其他物体却未触发碰撞。碰撞模式包括Discrete（不连续）、Continuous（连续），Continuous Dynamic（动态连续）3种。其中，Discrete模式用来检测与场景中其他碰撞器或其他物体的碰撞；Continuous模式用来检测与动态碰撞器（刚体）的碰撞；Continuous Dynamic模式用来检测与连续模式和连续动态模式的物体的碰撞，适用于高速物体

刚体组件的添加有两种方式：①通过检索名称的方式为模型添加刚体组件；②选择"Component>Physics>Rigidbody"命令添加刚体组件，如图6-46、图6-47所示。

图6-46　通过检索名称添加组件　　　　图6-47　通过Component添加组件

6.4.2　物理材质

Unity 3D物理材质是指物体表面材质，用于调整碰撞之后的物理效果。Unity 3D提供了一些物理材质资源，通过资源添加方法可以添加到当前项目中。标准资源包提供了5种物理材质：弹性材质（Bouncy）、冰材质（Ice）、金属材质（Metal）、橡胶材质（Rubber）和木头材质（Wood）。

（1）创建物理材质：选择"Assets>Create>Physic Material"命令，创建物理材质信息，如图6-48所示。

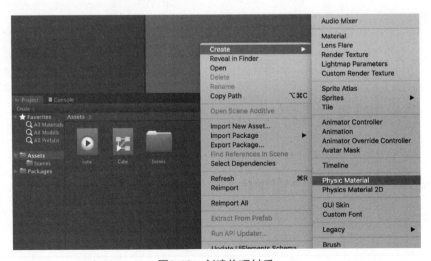

图6-48　创建物理材质

（2）物理材质设置界面：执行创建物理材质的命令后，在对应的Inspector面板上进行物理材质设置，界面如图6-49所示。

图6-49　物理材质设置界面

（3）物理材质参数如表6-2所示。

表6-2　物理材质参数

参　　数	含　　义	功　　能
Dynamic Friction	动态摩擦力	当物体移动时的摩擦力，通常为0～1。值为0时效果像冰；值为1时物体运动将很快停止
Static Friction	静态摩擦力	当物体在表面静止时的摩擦力，通常为0～1。值为0时效果像冰；值为1时物体移动十分困难
Bounciness	弹力	值为0时不发生反弹，值为1时反弹不损耗任何能量
Friction Combine	摩擦力组合	定义两个碰撞物体的摩擦力如何相互作用
Bounce Combine	反弹组合	定义两个相互碰撞的物体的反弹模式

6.4.3　Unity碰撞器

在游戏制作过程中，游戏对象要根据游戏的需要进行物理属性的交互。因此，Unity的物理组件为游戏开发者提供了碰撞体组件。碰撞体是物理组件的一类，它与刚体一起促使碰撞发生。碰撞体是简单形状，如方块、球形或者胶囊形，在Unity 3D中每当一个Game Objects被创建时，它会自动分配一个合适的碰撞器。

（1）添加碰撞体组件：

选择"Component>Physics"命令，在下拉列表中为模型指定合适的碰撞体组件，如图6-50所示。

（2）参数详解：

① Box Collider（盒碰撞体）是最基本的碰撞体，它是一个立方体外形的基本碰撞体，其参数如表6-3所示。一般游戏对象往往具有Box Collider属性，如墙壁、门、墙以及平台等，也可以用于布娃娃的躯干或者汽车等交通工具的外壳，当然最适合用在盒子或是箱子上。

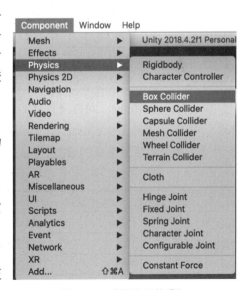

图6-50　碰撞体组件添加

表6-3 盒碰撞体参数

参　　数	含　　义	功　　能
Is Trigger	触发器	勾选该项，则该碰撞体可用于触发事件，并将被物理引擎忽略
Material	材质	为碰撞体设置不同类型的材质
Center	中心	碰撞体在对象局部坐标中的位置
Size	大小	碰撞体在X、Y、Z方向上的大小

② Sphere Collider（球体碰撞体）是一个基于球体的基本碰撞体，其参数如表6-4所示。Sphere Collider 的三维大小可以按同一比例调节，但不能单独调节某个坐标轴方向的大小。当游戏对象的物理形状是球体时则使用球体碰撞体，如落石、乓球等游戏对象。

表6-4 球体碰撞体参数

参　　数	含　　义	功　　能
Is Trigger	触发器	勾选该项，则该碰撞体可用于触发事件，并将被物理引擎所忽略
Material	材质	为碰撞体设置不同类型的材质
Center	中心	碰撞体在对象局部坐标中的位置
Radius	半径	设置球形碰撞体的大小

③ Capsule Collider（胶囊碰撞体）由一个圆柱体和两个半球组合而成，其参数如表6-5所示。Capsule Collider的半径和高度都可以单独调节，可用在角色控制器或与其他不规则形状的碰撞结合来使用。通常添加至Character或NPC等对象的碰撞属性。

表6-5 胶囊碰撞体参数

参　　数	含　　义	功　　能
Is Trigger	触发器	勾选该项，则该碰撞体可用于触发事件，并将被物理引擎所忽略
Material	材质	为碰撞体设置不同类型的材质
Center	中心	碰撞体在对象局部坐标中的位置
Radius	半径	设置球形碰撞体的大小
Height	高度	控制碰撞体中圆柱的高度
Direction	方向	设置在对象的局部坐标中胶囊体的纵向所对应的坐标轴，默认是Y轴

④ Mesh Collider（网格碰撞体）是根据Mesh形状产生碰撞体，其参数如表6-6所示。比起Box Collider、Sphere Collider 和Capsule Collider，Mesh Collider更加精确，但会占用更多的系统资源用于复杂网格所生成的模型。

表6-6 网格碰撞体参数

参　　数	含　　义	功　　能
Convex	凸起	勾选该项，则Mesh Collider将会与其他的Mesh Collider发生碰撞
Material	材质	为碰撞体设置不同类型的材质
Mesh	网格	获取游戏对象的网格并将其作为碰撞体

⑤ Wheel Collider（车轮碰撞体）是一种针对地面车辆的特殊碰撞体，自带碰撞侦测、轮胎物理现象和轮胎模型，专用于处理轮胎。具体参数如表6-7所示。

表6-7 车轮碰撞体参数

参　　数	含　　义	功　　能
Mass	质量	用于设置Wheel Collider的质量
Radius	半径	设置碰撞体的半径大小
Damping Rate	车轮减震率	用于设置碰撞体的减震率
Suspension Distance	悬挂距离	该项用于设置碰撞体悬挂的最大伸长距离，按照局部坐标来计算，悬挂总是通过其局部坐标的Y轴延伸向下
Center	中心	用于设置碰撞体在对象局部坐标的中心
Suspension Spring	悬挂弹簧	用于设置碰撞体通过添加弹簧和阻尼外力使得悬挂达到目标位置
Forward Friction	向前摩擦力	当轮胎向前滚动时的摩擦力属性
Sideways Friction	侧向摩擦力	当轮胎侧向滚动时的摩擦力属性

6.4.4 Unity布料系统

布料是Unity 3D中的一种特殊组件，它可以随意变换成各种形状，如桌布、旗帜、窗帘等。布料系统包括交互布料与蒙皮布料两种形式。

（1）布料组件添加：选择菜单栏中的"Component>Physics>Cloth"命令，为指定游戏对象添加布料组件。如图6-51所示。

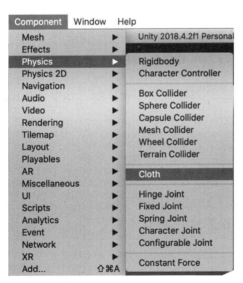

图6-51 添加布料组件

（2）布料组件参数如表6-8所示。

表6-8　布料组件参数

参　　数	含　　义	功　　能
Stretching Stiffness	拉伸刚度	设定布料的抗拉伸程度
Bending Stiffness	弯曲刚度	设定布料的抗弯曲程度
Use Tethers	使用约束	开启约束功能
Use Gravity	使用重力	开启重力对布料的影响
Damping	阻尼	设置布料运动时的阻尼
External Acceleration	外部加速度	设置布料上的外部加速度（常数）
Random Acceleration	随机加速度	设置布料上的随机速度（随机数）
WorldVelocity Scale	世界速度比例	设置角色在世界空间的运动速度对于布料顶点的影响程度，数值越大的布料对角色在世界空间运动的反应就越剧烈，此参数也决定了蒙皮布料的空气阻力
WorldAcceleration Scale	世界加速度比例	设置角色在世界空间的运动加速度对于布料顶点的影响程度，数值越大的布料对角色在世界空间运动的反应就越剧烈。 如果布料显得比较生硬，可以尝试增大此值； 如果布料显得不稳定，可以减小此值
Friction	摩擦力	设置布料的摩擦力值
Collision Mass Scale	大规模碰撞	设置增加的碰撞粒子质量的多少
UseContinuous Collision	使用持续碰撞	减少直接穿透碰撞的概率
Use Virtual Particles	使用虚拟粒子	为提高稳定性而增加虚拟粒子
Solver Frequency	求解频率	设置每秒的求解频率

6.5　粒子系统

粒子系统采用模块化管理，个性化的粒子模块配合粒子曲线编辑器使用户更容易创作出各种缤纷复杂的特效效果。

扫一扫

粒子系统

6.5.1　创建粒子系统

依次选择菜单栏中的"GameObject>Effects>Particle System"选项，在场景中新建一个名为Particle System的粒子游戏对象，如图6-52所示。

6.5.2　粒子系统的参数

1. 初始化模块

- Avatar：设置使用的骨骼节点映射。
- 持续时间（Duration）：粒子系统发射粒子的持续时间。

图6-52　粒子系统创建

- 循环（Looping）：粒子系统是否循环。
- 预热（Prewarm）：当looping开启时，才能启动预热，游戏开始时粒子已经发射了一个周期。
- 初始延迟（Start Delay）：粒子系统发射粒子之前的延迟。注意在预热启用下不能使用此项。
- 初始生命（Start Lifetime）：以秒为单位，粒子存活数量。
- 初始速度（Start Speed）：粒子发射时的速度。
- 初始大小（Start Size）：粒子发射时的大小。
- 初始旋转（Start Rotation）：粒子发射时的旋转值。
- 初始颜色（Start Color）：粒子发射时的颜色。
- 重力修改器（Gravity Modifier）：粒子在发射时受到的重力影响。
- 继承速度（Inherit Velocity）：控制粒子速度的因素将继承自移动的粒子系统。
- 模拟空间（Simulation Space）：粒子系统在自身坐标系还是世界坐标系。
- 唤醒时播放（Play On Awake）：如果启用粒子系统在创建时自动开始播放。
- 最大粒子数（Max Particles）：粒子发射的最大数量。

2．发射器形状模块

1）球体（Sphere）

- 半径（Radius）：球体的半径。
- 从外壳发射（Emit from Shell）：从球体外壳发射。
- 随机方向（Random Direction）：随机方向或是沿表面法线。

2）半球（Hemisphere）

- 半径（Radius）：半椭圆的半径。
- 从外壳发射（Emit from Shell）：从半椭圆外壳发射。
- 随机方向（Random Direction）：随机方向或是沿表面法线。

3）锥体（Cone）

- 角度（Angle）：圆锥的角度（喇叭口）。如果是0，粒子将沿一个方向发射（直筒）。
- 半径（Radius）：发射口半径。

4）立方体（Box）

- Box X：X轴的缩放值。
- Box Y：Y轴的缩放值。
- Box Z：Z轴的缩放值。

随机方向（Random Direction）：粒子发射将是随机方向或沿表面法线。

3．存活期间的速度、受力、颜色模块

1）存活期间的限制速度模块（Limit Velocity Over Lifetime）

- 分离轴（Separate Axis）用于每个坐标轴的控制。其中"速度（Speed）"用常量或曲线指定来限制所有方向轴的速度；"XYZ"用不同的轴分别控制，见最大最小曲线。

- 阻尼（Dampen）：（0~1）的值确定多少过度的速度将被减弱（例如，值为0.5，将以50%的速率降低）。

2）存活期间的受力模块（Force Over Lifetime）
- XYZ：使用常量或随机曲线来控制作用于粒子上面的力。
- Space：Local自己的坐标系，World世界的坐标系。
- 随机（Randomize）：每帧作用在粒子上面的力都是随机的。两组XYZ时可选择，随机范围是这两组XYZ之间的差值。
- 存活期间的颜色模块（Emission）：控制每个粒子存活期间的颜色（与初始颜色叠加）。粒子存活时间越短，变化越快。

4．颜色速度模块、存活期间的大小与速度模块

1）颜色速度模块（Color By Speed）
- 颜色（Color）：用于指定的颜色，使用渐变色来指定各种颜色。
- 颜色缩放（Color Scale）：使用颜色缩放可以方便地调节纯色和渐变色。
- 速度范围（Speed Range）：min和max值用来定义颜色的速度范围。

2）存活期间的大小模块（Size Over Lifetime）
- 大小（Size）：控制每个粒子在其存活期间内的大小、曲线、随机双曲线或随机范围数值。

3）存活期间的大小速度模块（Size By Speed）
- 大小（Size）：大小用于指定速度，用曲线表示各种大小。
- 速度范围（Speed Range）：min和max值用来定义大小速度范围。

4）存活期间的旋转速度模块（Rotation Over Lifetime）
- 以度为单位指定值。
- 旋转速度（Rotational Speed）：控制每个粒子在其存活期间内的旋转速度。

5．旋转速度模块、碰撞模块

1）旋转速度模块（Rotation By Speed）
- 旋转速度（Rotational Speed）：用来重新测量粒子的速度，使用曲线表示各种速度。
- 速度范围（Speed Range）：用min和max值定义旋转速度范围。

2）碰撞模块（Collision Module）
- 平面（Planes）：Planes被定义为指定引用，可以动画化。如果多个面被使用，Y轴作为平面的法线。
- 阻尼（Dampen）：（0~1）在碰撞后变慢。
- 反弹（Bounce）：（0~1）当粒子碰撞后的反弹力度。
- 生命减弱（Lifetime Loss）：（0~1）每次碰撞生命减弱的比例。0，碰撞后粒子正常死亡；1，碰掩后粒子立即死亡。

- 可视化（Visualization）：可视化平面是网格还是实体。其中，"网格（Grid）"在场景渲染为辅助线框。"实体（Solid）"在场景渲染为平面。
- 缩放平面（Scale Plane）：重新缩放平面。

6．子粒子发射模块、纹理层动画模块

1）子粒子发射模块（Sub Emitter）
- 出生（Birth）：在每个粒子出生的时候生成其他粒子系统。
- 死亡（Death）：在每个粒子死亡的时候生成其他粒子系统。
- 碰撞（Collision）：在每个粒子碰撞的时候生成其他粒子系统（重要的碰撞需要建立碰撞模块，见碰撞模块）。

2）纹理层动画模块（Texture Sheet Animation）
- 平铺（Tiles）：定义纹理的平铺。
- 动画（Animation）：指定动画类型，整个表格或是单行。
- 整个表（Whole Sheet）：为UV动画使用整个表格。
- 时间帧（Frame over Time）：在整个表格上控制UV动画，使用常量、曲线、2曲线随机。
- 单行（Single Row）：为UV动画使用表格单独一行。
- 随机行（Random Row）：如果选择第一行随机，不选择指定行号（第一行是0）。
- 时间帧（Frame over Time）：在1个特定行控制每个粒子的UV动画，使用常量、曲线、2曲线随机。
- 周期（Cycles）：指定动画速度。

7．渲染器模块

- 渲染模式（Render Mode）：选择下列粒子渲染模式之一。
- 广告牌（Billboard）：粒子永远面对摄像机。
- 拉伸广告牌（Stretched Billboard）：让粒子沿X轴对齐，面朝X轴方向。
- 水平广告牌（Horizontal Billboard）：让粒子沿Y轴对齐，面朝Y轴方向。
- 垂直广告牌（Vertical Billboard）：当面对摄像机时，粒子沿XZ轴对齐。
- 网格（Mesh）：粒子被渲染时使用Mesh而不是Quad。
- 材质（Material）：材质。
- 排序模式（Sort Mode）：绘画顺序可通过具体设置生成早优先和生成晚优先。
- 排序校正（Sorting Fudge）：使用该参数将影响绘画顺序。粒子系统带有更低Sorting Fudge值，更有可能被最后绘制，从而显示在透明物体和其他粒子系统的前面。
- 投射阴影（Cast Shadows）：粒子能否投影是由材质决定的。
- 接受阴影（Receive Shadows）：粒子能否接受阴影是由材质决定的。
- 最大粒子大小（Max Particle Size）：设置最大粒子大小，相对于视窗的大小，有效值为0~1。

6.5.3 战斗机尾焰案例制作

（1）创建特效模块。首先调整初始化模块的参数，通过颜色、速度、大小等参数的调整构建出特效的基本节奏，如图6-53所示。

（2）调整体积。调整Emission发射数量，增加特效体积，如图6-54所示。

图6-53 初始化模块参数

图6-54 调整特效体积

（3）调整轨迹。取消发射器形状，粒子轨迹以直线形式喷射，如图6-55所示。

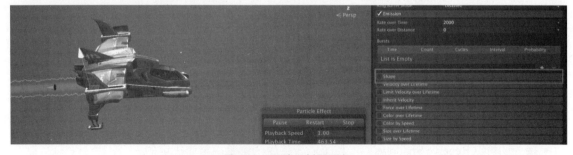

图6-55 取消发射器形状

（4）调整颜色。指定粒子的生命颜色及透明度，如图6-56所示。

第6章 美术设计

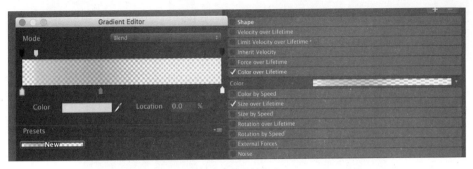

图6-56 调整颜色

（5）调整大小。利用曲线调整粒子的生命尺寸大小，如图6-57所示。

（6）创建材质球。将材质更改为Additive模式。选择合适的贴图进行指定，如图6-58、图6-59所示。

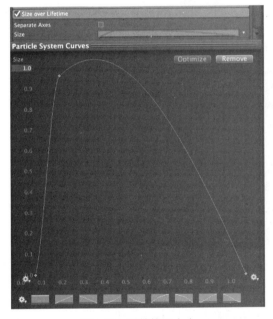

图6-57 调整粒子大小

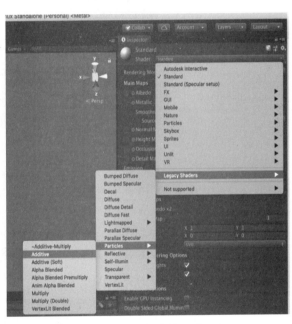

图6-58 创建材质球

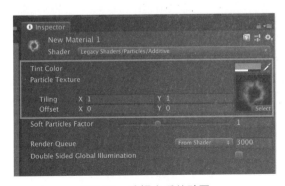

图6-59 选择合适的贴图

（7）材质替换。将材质赋予粒子系统，完成材质替换，如图6-60所示。

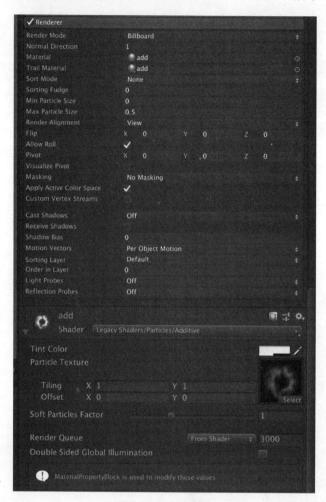

图6-60　材质替换

6.6　UI交互系统

6.6.1　UI基本概念

UI即User Interface（用户界面）的简称，是指对软件的人机交互、操作逻辑、界面美观的整体设计。UI设计分为实体UI和虚拟UI，互联网常用的UI设计是虚拟UI。

目前涉及UI设计的职业发展方向很多，其中包括网页UI设计、软件UI设计、游戏UI设计等，从本质上讲，网页UI设计是先满足目标用户，再考虑产品品牌。而游戏UI设计是先满足产品背景，再考虑目标用户。游戏与其他领域不同的地方在于，游戏玩家没有非常具体的目标，游戏的本质是体验乐趣。

1．游戏UI介绍

游戏是人类休闲娱乐的一种方式。随着互联网和智能手机的普及，移动游戏市场规模快速扩大，越来越多的用户加入游戏玩家的行列。游戏行业因创造了越来越多的经济效益，逐渐被更多人所青睐。

游戏UI是指游戏软件的用户界面，包括游戏画面中的按钮、动画、文字、声音、窗口等与游戏用户直接或间接接触的游戏设计元素，如图6-61所示。

图6-61　游戏用户界面

游戏UI是游戏产品的重要组成部分，也被称为游戏图形用户界面。游戏界面是人和游戏软件之间交换信息的媒介，是一种图形化的信息表现形式，人通过这种直观易理解的图形来操作游戏软件，游戏软件则以同样的方式将反馈传达给人。

2．游戏UI界面特点

众多的硬件平台拥有不同的游戏背景构建、游戏玩法，使游戏界面的设计方式和设计风格多种多样。设计一款游戏的界面时，需要明确其用户和风格定位，以迎合市场需求。游戏UI本身来说就是人机交互，不只是把所有的功能按钮摆上去，其实更多要考虑怎么与用户打交道，用户操作是否方便？用户是否能在第一时间内找得到想要的东西？好的游戏UI界面要求画面精致，符合游戏故事背景，符合游戏定位群体，符合用户的基本操作习惯，还有很好引导用户跟着你的思路去操作，去实现玩家的个人目标，如图6-62所示。

3．游戏UI工作流程

游戏UI在项目中的工作流程如下：

设计分析→设计定位→设计执行→设计跟进→设计验收

当接到需求后首先进行设计分析，其中包括看文档了解需求，并通过对用户的研究与需求方进行反复沟通交流，以确保充分理解需求；当明确设计定位之后，进一步梳理系统的信息架构、明确用户任务并考虑界面的易用性,通过草图和需求方确定最终的界面原型图和视觉拼图;在设计执行和设计跟进阶段,输出准确的视觉效果图和设计规范,并和程序员沟通切图文件的效果实现;设计验收阶段需要在游戏中体验实际的效果,并进行问题整理和总结,为后续迭代做好准备。

图6-62　VR游戏UI界面

4. 视觉设计前的准备工作

(1) 用户需求和使用场景分析。游戏UI需要了解哪些用户群体正在玩和可能会玩这种类型的游戏。

(2) 对同类型产品的内容进行分析。网上收集同类型游戏,下载并安装试用,分析这些游戏的操作方式,并将使用过程中遇到的问题进行记录。将每个游戏的界面进行截图保存,对比这些同类型产品之间的差异性,为交互和视觉设计提供可研究的资料。

(3) 对流程和界面内容进行规划。原型设计之前先分析下主任务流程和规划任务之间的关联方式。确认界面的重要功能可以初步规划界面的布局结构。

(4) 确认各个场景界面的重点。在设计中我们常常会产生一些困惑,这么多信息内容该怎么组织,哪些是内容的重点。首先我们要和项目相关人员讨论,每一个需求的目标重点是什么。一个界面如果有太多功能和重点,会让玩家不知所措。画好整个产品的主框架,反复与团队成员讨论,在确定没有偏离方向、没有误解功能逻辑后,再继续完成次级界面的原型设计。

6.6.2　游戏UI设计基础知识

1. 游戏UI设计流程

一个完整的游戏界面设计流程一般为"页面布局设计→页面信息设计→整体颜色设计→细化和输出"。这个流程遵从的是由整体到局部的设计方式,与绘画流程"绘画草图→提取线稿→铺色→最终细化"类似。

2. 游戏界面设计特点

1）趣味性

一般来说，游戏界面的趣味性体现为以下两种形式：

（1）承担主要功能，这种趣味性的表现不仅是对视觉或情绪的一种表达，还是对功能的一种表达。实际上大部分的趣味性都是功能性的直接体现。

（2）承担辅助性功能，这种趣味性从理论上来说只是一种点缀元素，去掉之后不会对界面的功能理解和使用产生影响，仅仅起到趣味装饰作用。

2）情感化追求

游戏界面设计在情感化层面有更彻底的追求。游戏界面需要包含的内容包括游戏玩法、游戏背景构建及具体的操作与反馈。这些内容都是给玩家传达直观的视觉感受。

3）较强的迭代性

游戏界面设计是逐渐迭代完成的。一方面，项目进展过程是对风格的探索过程。这个过程会逐渐增强设计师对风格的理解。另一方面，游戏界面的设计师是为功能服务的，设计时需要考虑游戏里众多使用场景，游戏界面需要涉及的情境非常多且复杂，还会碰到虽在界面之外却影响界面设计的因素。

4）丰富的表现力和实用性

基于游戏背景的设定，设计方式要有丰富的表现力和实践的可能性，并且需要更多地与动态效果相结合。这是游戏界面设计区别于其他软件界面设计的最大特点。由于游戏界面在美术层面的表现是基于游戏背景构建的，并且游戏中的世界观在大部分情况下都是现实中不存在的，因此在设计上有着比其他软件界面更多的可能性和更丰富的表现力。

3. 游戏类型和题材对设计的影响

（1）角色扮演游戏（Role Playing Game，RPG）主要是由玩家扮演一个或数个角色，带有完整故事情节的游戏。RPG类游戏通常有非常丰富的世界观背景，强调剧情发展和个人成长体验。

（2）动作游戏（Action Game，ACT）主要是指由玩家控制游戏角色，通过各种道具和武器消灭敌人以过关的游戏。ACT类游戏的设计主旨相对来说以娱乐目的，一般有少部分简单的解密成分。

（3）冒险游戏（Adventure Game，AVG）主要是指由玩家控制游戏角色进行虚拟冒险的游戏。AVG类游戏的特色是故事情节往往以完成一个任务或解开某些谜题的形式出现，而且在游戏的过程中强调对冒险刺激氛围的渲染。

（4）射击游戏（Shooting Game，STG）是指由玩家控制各种飞行物完成任务或过关的游戏。STG类游戏在设计中通常强调节奏感、紧张感和速度感，通过画面色彩的对比和背景音乐突出了游戏的紧张感和速度感，还通过增加策略要素和道具模型来丰富游戏的节奏感。

（5）益智类游戏（Puzzle Game，PZL）中的Puzzle原意是指用来锻炼儿童智力的拼图游戏，后发展出各类有趣益智的游戏。益智类游戏在设计中通常强调趣味感、爽快感和轻松感。

（6）音乐游戏（Music Game，MSC）是指通过模拟器（键盘或踏板）来培养玩家增强音乐感知力的游戏。MSC类游戏的特色是考验玩家对节奏的把握,以及眼力、反应能力和肢体的配合能力。

4．游戏UI趋势探索

很多游戏UI设计师把能力成长关注点放在提升设计技巧和审美水平上。由于这些基础需要太多的时间和精力,因而会让游戏UI设计师忽略更高层次的设计方法论的建设和运用。然而游戏UI设计师只有深入分析设计过程,才能找到塑造符合产品定位并且充满趣味的创意。

1）视觉体验趋势探索

对于视觉设计来说,重要元素（如字体、形状、版式、色彩、材质、动态等）需要切实应用到游戏中,与游戏世界观、美术风格达到协调统一。在把握趋势的同时,需要理解趋势对于人们的真实意义。

2）交互体验趋势探索

要想让玩家享受到趋于本能的交互体验,首先要知道人类的感知体验是怎样的,主要从沉浸感和心流、情境学习、戏剧理论、无缝连接等方法出发来研究区域本能的交互。游戏UI本能层设计关注视觉情感化,关注色彩、质感及图形的比例节奏带给整套设计的直观感受。行为层设计关注操作情感化,反思层设计关注内容情感化,通过游戏中的内容实践引起玩家的共鸣。

6.6.3 UGUI系统组件

1．UGUI图形用户界面系统介绍

Unity 4.6版本以前没有自己的UI系统,所以以前的项目使用的都是NGUI。UGUI系统是从Unity 4.6开始,被集成到Unity的编辑器中, Unity官方给这个新的UI系统赋予的标签是灵活、快速和可视化,简单来说对于开发者而言就是以下优点：效率高、效果好,易于使用、扩展以及与Unity的兼容性高。

自Unity4.6推出了一个新的图形用户界面系统UGUI后,用户即可快速直观地创建图形用户界面。UGUI提供了强大的可视化编辑器,提高了开发的效率。

Unity为开发者提供了一套非常完美的图形化界面引擎,包括游戏窗口、文本窗口、输入框、拖动条、按钮、贴图框等。UGUI已成为Unity不可或缺的部分。如图6-63所示。

2．UGUI控件系统介绍

1）Canvas

Canvas（画布）是承载所有UI元素的区域。

（1）在场景中创建Canvas,在Hierarchy面板右击,选择"UI>Canvas"命令,创建UI,如图6-64所示。

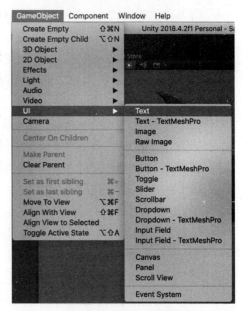

图6-63　UGUI组件调动

（2）Canvas是用于布局和放置UI控件的画布，UI元素至少需要一个Canvas画布，所有的UI控件都必须位于Canvas之内。

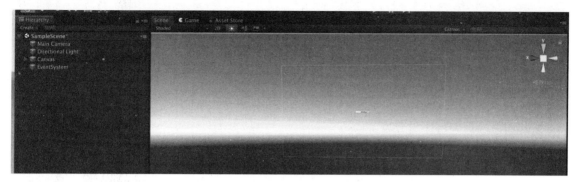

图6-64　创建Canvas

（3）场景中也可以有多个画布，但每个UI元素都是Canvas的子项，如图6-65所示。

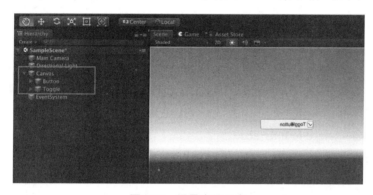

图6-65　场景中的画布

（4）如果新创建一个UI的时候没有Canvas画布的存在，系统会自动创建一个画布，并将UI元素附在其上，如图6-66、图6-67所示。

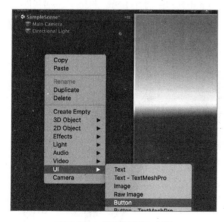

图6-66　自建画布（1）

图6-67　自建画布（2）

（5）Canvas中的Render Mode设置，用来决定它以屏幕空间进行渲染还是以世界空间进行渲染，有三种模式，如图6-68所示。

图6-68　Canvas中的Render Mode

① Screen Space - Overlay。这种渲染模式将屏幕上的UI元素渲染在场景的最顶层。如果屏幕的大小或者分辨率发生了变化，Canvas也会自动改变大小，和屏幕的保持一致。

② Screen Space - Camera。和Screen Space - Overlay相似，在这种模式下，Canvas会处于指定摄像机的前方，距离可以调整。UI元素通过这个摄像机来渲染，摄像机的设置会影响UI的外观。如果摄像机设置了透视，UI元素也会以透视呈现，并且透视的形变量可以通过摄像机的Field of View来控制。如果屏幕的大小或者分辨率发生了变化，或者摄像机的视锥发生了变化，Canvas同时也会改变大小，和屏幕保持一致。

③ World Space。在这种渲染模式下，Canvas就和场景中的其他游戏对象一样。Canvas的大小能够手动地通过Rect Transform来设置，并且UI元素会根据在3D场景中的放置位置，来决定渲染在场景中其他对象的前面还是后面。当我们想让UI成为世界场景的一部分时非常有用。这也被称为"叙事化界面（Diegetic Interface）"。

2）EventSystem

EventSystem（事件系统）和Canvas一样，在UI中必须存在，否则无法进行交互等操作。EventSystem在创建Canvas时就会自动创建，是控制UI界面总体的事件管理器，分别表示UI事件系统，输入模块系统，触摸输入系统。

3）Rect Transform

Rect Transform是一种新的变换组件，该组件的功能属性主要是调整位置坐标以及矩形的大小。它不同于Transform组件，变换组件Transform代表了场景中3D对象的位置、旋转和缩放。Rect Transform表示由与轴心点相关的宽度和高度指定的2D矩形，如图6-69所示。

图6-69　Rect Transform 组件

在操作UI元素的时候最好使用矩形工具，单击工具栏中的"Rect Tool"或按快捷键【T】，这时候就可以通过按钮四个角上的蓝色圆点进行移动、旋转、缩放操作，如图6-70所示。

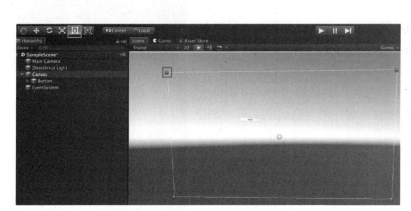
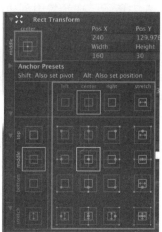

图6-70　操作UI元素

在Inspector检视视图中，Rect Transform左下角有个"Anchors Presets"（锚框预设）按钮，单击它并弹出事先预设好的Anchors Presets（锚框预设），单击【Alt】或者【Shift】键，出现不同的设置界面，如图6-71所示。

按住【Shift】键则可调整轴心点变化，按住【Alt】键则可调整UI控件在界面的位置。

注：Anchors锚点是由四个三角形组成，每个三角形都可以分别移动，可以组成一个矩形，四个三角形在重合的情况下组成一个点，如图6-72所示。

图6-71　"Anchors Presets"按钮　　　　图6-72　Anchors锚点

4）Button

Button（按钮）控件用于检测用户输入并触发事件，如图6-73所示。在场景中创建Button，创建时在Hierarchy面板右击选择"UI>Button"。

一个Button需要一个Image脚本和一个Button脚本，预制包含元素还有子集文本元素Text。如果Button上不需要任何文本，可以将其删除。

Button控件是一个简单的复合控件，其按钮上的文字是由内部的子控件Text负责展示，按钮的外观由组件Image负责，按钮的行为与事件由Button组件负责。

- Source Image：制作的UI按钮图片。
- Interactable：是否开启此按钮的交互。
- Transition：控制按钮响应的方式。其中，"Color Tine"通过颜色来使Button呈现不同颜色；"Sprite Swap"通过图片切换呈现不同状态（需要使用相同功能不同状态的贴图）；"Animation"通过动画不同来展示不同状态。
- Target Graphic：目标对象，一般是按钮本身。
- Normal Color：正常时按钮的颜色。
- Highlighted Color：鼠标指针放上面时按钮颜色。
- Pressed Color：鼠标按下时按钮颜色。
- Disabled Color：鼠标被禁用状态时按钮颜色。
- Color Multiplier：对不同状态颜色的显示系数。
- Fade Duration：不同状态颜色切换的过渡时间。
- Navigation：确定控件顺序。
- On Click ()：响应按钮单击事件。

图6-73　Button按钮

5）Text

Text（文本）控件用于呈现文本，作为用户界面布局的一部分，如图6-74、图6-75所示。

图6-74　Text文本控件界面

图6-75　Text文本控件详解

6）Image

Image属于基本的控件，如图6-76所示。界面的背景、Button的背景以及很多都可以使用Image，如图6-77所示。

图6-76　Image控件详解

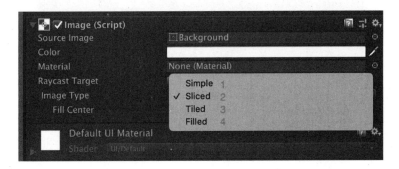

图6-77　ImageType

- Simple：普通显示，图片不裁剪、不叠加。
- Sliced：切片显示，当图片拉伸后边界保持不变，使用该模式前需选中图片单击"Sprite Editor"进行图片裁剪。
- Tiled：平铺显示，图片保持原大小，自身平铺填充。
- Filled: 根据填充方式、填充起点、填充比例类型决定图片显示哪一部分。

7）Raw Image

Raw Image（原始图像）控件用来显示非交互式图像控件，可用于装饰或者制作图标等，功能上与Image组件类似，但属性并不相同，如图6-78所示。

图6-78　Raw Image组件详解

8）Toggle

Toggle（开关）控件是一个可以实现对选项进行勾选或者不勾选的操作，可用于音乐的开启、关闭等界面，如图6-79所示。

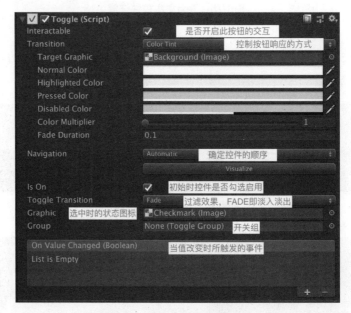

图6-79　Toggle开关控件面板

9）Slider

Slider（滑动条）控件允许用户通过鼠标从范围内选择一个数值，如图6-80所示。

10）Scrollbar

Scrollbar（滚动条）控件是和滑动条相似的组件，如图6-81所示。

11）InputField

InputField输入框用来接收用户输入的信息，如图6-82所示，本身是一种不可见的UI控件，必须跟一个或者多个UI元素结合起来。

12）Dropdown

Dropdown控件主要用于设计下拉列表，如图6-83所示。

图6-80　Slider控件面板

图6-81　Scrollbar滚动条面板

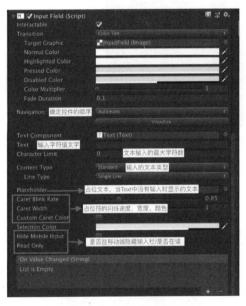

图6-82　InputField控件面板

图6-83　Dropdown控件面板

13）Scroll View

Scroll View是一个能上下或者左右拖动的UI列表，在展示多个按钮等情况下会用到。Scroll View需要Scroll Rect、mask、layout等几个组件。其面板如图6-84所示。

14）Panel

Panel面板实际上就是一个容器，在其上可放置其他UI控件，如图6-85所示。当移动该面板时，放在其中的UI控件就会跟随移动，这样可以更加合理与方便地移动与处理一组控件。当面板被创建时，会默认包含一个Image（Script组件）。

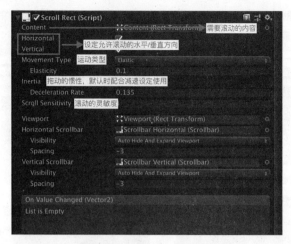

图6-84　Scroll View面板

图6-85　Panel面板

一个功能完备的UI界面往往会使用多个Panel容器控件，而且一个面板里还可以套用其他面板。它也等同于新建一个空物体，然后添加Image组件。

小　　结

本章分别从Unity的渲染与光照、地形系统、物理系统、动画系统、粒子系统、UI交互系统等几个方面进行详细讲解，配合简单案例，帮助读者熟练掌握Unity美术设计方面的内容。

习　　题

1. 创建一个简单场景，体现直射光照及漫射光照效果。
2. 创建地形，包括场景造型、材质、树木、水资源等细节内容，添加"雨"粒子特效，并添加第一人称控制器，实现场景漫游。
3. 根据课堂内容，完成跳动的小球游戏制作，包含主菜单界面的交互。

第 7 章 交互开发

学习目标：
- 掌握C#脚本的创建、编写和使用。
- 掌握可视化开发工具Play Maker的安装和配置。
- 能够制作简单的交互功能。

前面的章节中，已经学习了Unity中一些基本物体的创建方法，本章将学习Unity中的交互开发基础知识。Unity中的交互开发可使用脚本，也可使用可视化交互开发插件。本章将以C#脚本和PlayMaker插件为例，分别介绍脚本交互开发和可视化交互开发。

7.1 C#脚本交互开发

在 Unity 中，脚本可以理解为附加在游戏对象上的用于定义游戏对象行为的指令代码，脚本与组件的用法相同，必须绑定在游戏对象上才能开始它的生命周期。

在前面内容中，已介绍了场景、游戏对象、组件这三者之前的关系。组件实际描述的就是功能，使用系统内置的组件（如Transform等）虽然可以满足为指定游戏对象添加功能的操作，但远远不够。实际上最简单的游戏也需要处理响应用户的操作、游戏场景中的事件触发、游戏对象的创建和销毁等，内置组件已不能实现。而脚本的出现，就解决了这个问题。

扫一扫

C#脚本交互开发

脚本其实就是组件，只不过是一种特殊的自定义组件，又称自定义脚本。

脚本是虚拟现实开发中不可缺少的部分。Unity支持Unityscript（即JavaScript for Unity）和C#语言编写脚本，本章主要以C#语言讲解Unity 3D脚本设计和编写。

7.1.1 C#语言

.NET是美国微软公司（Microsoft）推出的一个用于软件开发和运行的平台，这个平台允许应用程序通过Internet进行通信和共享数据，而不管所操作的是哪种操作系统、设备。.NET 可以理解为一个运行库和一个全面的基础类库。C#是微软公司专为 .NET 推出的一种面向对象编程语言。

7.1.2　C#脚本开发环境

在进行 C# 应用程序开发时，可以使用基本的文本编辑器，如记事本、Notepad、EditPlus等编写 C# 源代码文件，并通过 CMD命令行编译器（.NET 框架的一部分）编译执行程序。同时，为了更高效地开发各种 C# 应用程序，微软公司也提供了一些集成开发工具（IDE），如Visual Studio、Visual C# Express 等。本章使用 Visual Studio 2019作为开发工具。

1．Visual Studio 2019的下载和安装

进入Visual Studio官网，下载Community版本，如图7-1所示，该版本可供用户免费使用。安装过程中需要联网。

图7-1　下载Visual Studio 2019

安装过程中弹出安装工具窗口，需要勾选"使用Unity的游戏开发"和".NET Core跨平台开发"这两个工具，如图7-2、图7-3所示。

图7-2　安装工具（1）　　　　　　　图7-3　安装工具（2）

2．Visual Studio 2019注册和登录

安装完毕后打开Visual Studio 2019，会弹出登录窗口。此时需要注册一个账号，然后登录，如图7-4所示。

图7-4　Visual Studio 2019登录界面

3．默认脚本编辑器设置

在Unity中选择"Edit>Preferences"命令，在弹出的"Unity Preferences"窗口中单击左侧"External Tools"，"External Script Editor"选择"Visual Studio 2019"，如图7-5所示。设置完成后，就可以编写第一个脚本了。

图7-5　设置脚本编辑器

7.1.3 编写第一个C#脚本

本节以Cube移动脚本为例,讲解C#脚本的创建、编写和使用过程。

(1)创建脚本。选择"Asset>Create>C# Script"命令,如图7-6所示,创建一个空白脚本,将其名命为CubeMove。或者在Project面板Assets文件夹下右击,选择"Create>C# Script"命令,如图7-7所示。

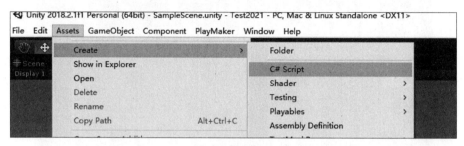

图7-6 创建脚本

图7-7 创建脚本

(2)在Project面板中双击CubeMove脚本,此时脚本会用Visual Studio 2019打开。打开后进行脚本编写。在Update()方法中写入代码,这些代码在项目运行的每一帧都会被执行。代码如下:

```
using System.Collections;
using System.Collections.Generic;
using UnityEngine;

public class CubeMove: MonoBehaviour {

    // Use this for initialization
    void Start () {

    }

    // Update is called once per frame
    void Update () {
        transform.Translate(new Vector3(0.1f, 0, 0));
    }
}
```

代码写完后保存。特别需要注意的是脚本的类名和文件名要一致，否则无法挂载到物体上。

（3）挂载脚本。脚本创建完成后，需要将其挂载在游戏对象上。在层级面板中，创建一个Cube，将Project面板中的脚本拖动到Cube上。选中Cube，可看到在Inspector面板中Cube具备了CubeMove这个组件（即脚本）。

（4）运行。完成后运行项目，可以看到Game面板中Cube沿着X轴正方向移动。

7.1.4 脚本生命周期

Unity中有些特定的方法，这些特定的方法在一定条件下会被自动调用，称为必然事件（Certain Events）。在Unity中创建的每个脚本文件，默认都包含两个方法：Start()和Update()，这两个方法是最常用的方法，所以新建脚本时会自动创建，除此之外还有其他必然事件。

这些必然事件描述了一个脚本从最初的创建到最后被销毁的完整流程，所以这些必然事件也被称为Unity脚本的生命周期方法。

Unity生命周期中涉及的常用方法主要有以下几类：

（1）初始化模块：Awake()、OnEnable()、Start()。

（2）更新模块：FixedUpdate()、Update()、LateUpdate()。

（3）物理模块：OnTriggerEnter()/OnTriggerStay()/OnTriggerEnter()、OnCollisionEnter()/OnCollisionStay()/OnCollisionEnter()。

（4）销毁模块：OnDisable()、OnDestroy()。

1. 初始化模块

1）Awake()

Awake()是整个生命周期中最先执行的方法，当脚本实例被加载时会自动调用这个方法。该方法主要用于在游戏开始之前初始化对象或游戏状态，例如，使用"GameObject.FindWithTag()"查询游戏对象。Awake()方法在整个生命周期内只执行一次。

2）OnEnable()

执行完Awake()方法后，如果当前脚本可用或可激活，按正常执行顺序则会执行OnEnable()方法。通常在这个地方将当前脚本禁用：this.enable=false，若执行此操作则会直接跳到OnDisable()方法执行一次，其他生命周期方法都不会再执行。

OnEnable()方法在整个生命周期内执行的次数不确定。

3）Start()

执行完OnEnable()方法之后，在第一次执行Update()方法之前，Start()会进行一次判断：若之前没有执行过该方法，则会执行；若之前已执行过，则不会再执行。Start()方法在整个生命周期中只执行一次。

该方法主要用于对变量等进行初始化或赋值的相关操作。可将一些需要依赖Awake的变量放在Start()里面初始化。游戏对象A的初始化代码需要在对象B已被初始化的前提下，此时B的初始化应该在Awake()中完成，而A应该在Start()中完成。

2. 更新模块

1）FixedUpdate()

FixedUpdate()方法每隔固定时间调用一次，这个时间默认是0.02 s。FixedUpdate()不受帧率变化的影响，适合做物理状态的更新。例如，Unity 中的 Rigidbody 是一个操作重力的刚体组件，如果为某游戏对象添加了这个 Rigidbody 组件时，那么与该组件相关的代码处理要放在FixedUpdate() 中完成。

2）Update()

Update()方法在每次渲染新的一帧时被自动调用，Update()方法的更新频率与硬件设备性能和被渲染的物体有关，当帧率会发生变化时，Update()被调用的时间间隔也会随之发生变化。所以硬件设施的性能、场景中需要渲染的计算量等因素都会影响Update()的调用时间。相对于FixedUpdate()方法，Update() 方法更适合完成一般的逻辑更新或界面数据的更新操作。

3）LateUpdate()

LateUpdate()方法会在Update()之后执行，即执行完本次更新并且在开始执行下一次更新之前，都会先调用一下LateUpdate()方法，该方法也是以帧为单位执行。

和摄像机相关的更新可以放在LateUpdate()方法里。例如，当游戏对象在 Update() 里移动时，跟随游戏对象的相机可以在 LateUpdate() 里实现。目的是为了在所有 Update() 操作完才跟进摄像机，保证摄像机跟随在游戏对象后移动，不然就有可能出现摄像机已经推进了，但是视角里还没有角色的空帧出现。

3. 物理模块

1）OnTriggerEnter()/ OnTriggerStay()/ OnTriggerEnter()

OnTriggerEnter()/ OnTriggerStay()/ OnTriggerEnter()方法分别在进入碰撞体范围、停留在碰撞体范围、离开碰撞体范围时调用。方法被触发要符合以下条件：①碰撞双方都必须是碰撞体，并且碰撞双方中的一个碰撞体必须勾选IsTigger选项；②碰撞双方其中一个必须是刚体，刚体的IsKinematic选项可以勾选，也可以不勾选。

2）OnCollisionEnter()/OnCollisionStay()/OnCollisionEnter()

OnCollisionEnter()/OnCollisionStay()/OnCollisionEnter()方法分别在发生碰撞、碰撞持续、碰撞结束时调用。Unity中碰撞是一个时间段，有开始时刻、持续过程和结束时刻。方法被触发要符合以下两个条件：①碰撞双方必须是碰撞体，并且碰撞体不能勾选"IsTigger"选项；②碰撞的主动方必须是刚体，并且刚体不能勾选"IsKinematic"选项。

4. 销毁模块

1）OnDisable()

OnDisable()方法在当前对象状态设置为不可用或脚本设置非激活状态时被调用一次。与OnEable()方法在相反的时机调用。

2）OnDestroy()

OnDestroy()方法在挂载了该脚本的游戏物体被销毁时调用，并且只会在预先已经被激活的游戏物体上被调用。

5．案例

案例7-1　测试Awake()、OnEnable()和Start()被调用时间的顺序。

创建脚本，命名为TestStart，该脚本的作用是分别输出这三个方法调用的时间点。通过该例子观察到这三个更新方法在调用时间上的先后关系。

脚本代码如下：

```
using System.Collections;
using System.Collections.Generic;
using UnityEngine;

public class TestStart : MonoBehaviour {
    void Awake()
    {
        print("调用Awake()方法");
    }
    void OnEnable()
    {
        print("调用OnEnable()方法");
    }

    void Start ()
    {
        print("调用Start()方法");
    }

}
```

将脚本挂载在游戏对象上，运行时在Console中可观察到如图7-8所示结果。Awake()方法最先被调用，然后是OnEnable()和Start()方法。

图7-8　运行结果

案例7-2　测试三种更新方法的区别。

创建脚本，命名为TestUpdate，该脚本的作用是分别输出三个更新方法距离上一次执行所用的时间。通过该例子观察到这三个更新方法在调用时间上的区别。

脚本代码如下：

```
using System.Collections;
using System.Collections.Generic;
```

```csharp
using UnityEngine;

public class TestUpdate : MonoBehaviour {

    void FixedUpdate()
    {
        print("这是FixedUpdate,距离上次调用的时间为" +Time.deltaTime);
    }
    void Update ()
    {
        print("这是Update,距离上次调用的时间为" + Time.deltaTime);
    }

    void LateUpdate()
    {
        print("这是LateUpdate,距离上次调用的时间为" + Time.deltaTime);
    }
}
```

将脚本挂载在游戏对象上,运行时在Console中可观察到如图7-9所示结果。FixedUpdate()方法每次距离上次调用的时间都是0.02 s,Update()和LateUpdate()方法距离上次调用的时间相同,这两个方法的调用时间是一致的,Update()方法执行完毕后LateUpdate()开始执行。

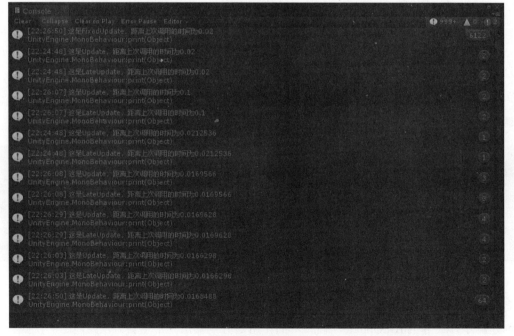

图7-9　运行结果

案例7-3　测试碰撞触发。

创建一个脚本,名命为TestCollision,该脚本的作用是在游戏对象发生碰撞时输出"发生碰撞",游戏对象碰撞结束时输出"碰撞结束"。

脚本代码如下：

```
using System.Collections;
using System.Collections.Generic;
using UnityEngine;

public class TestCollision: MonoBehaviour {

    void OnCollisionEnter()
    {
        print("发生碰撞");
    }
    void OnCollisionExit()
    {
        print("碰撞结束");
    }
}
```

在场景中创建一个Sphere和一个Plane，Sphere在Plane的上方，如图7-10所示。为Sphere添加Rigidbody组件，并勾选"useGravity"属性。

在Project面板中右击，选择"Create>PhysicMaterial"命令，创建一个物理材质。设置弹力值Bounciness为0.6，如图7-11所示。将这个物理材质拖动到Sphere上。

   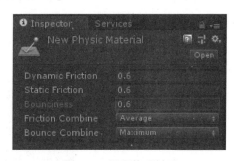

图7-10　场景中的游戏对象　　　　　　图7-11　设置物理材质

运行可观察到小球下落，碰撞到平面上时反复弹起下落，最后停止在平面上。运行过程中Console面板会输出如图7-12所示结果。

图7-12　运行结果

游戏对象每碰撞一次，就会分别在碰撞开始和结束的时间点调用这两个方法。

"碰撞结束"的输出比"发生碰撞"少一次，表示OnCollisionExit()方法比OnCollisionEnter()方法少调用一次，这是因为最后一次碰撞小球停止在平面上，最终没有离开平面。即最后一次碰撞只有开始，没有结束。

案例7-4　测试游戏对象启用禁用。

创建脚本，命名为TestEnableDisable。在游戏对象上挂载脚本，脚本中定义OnEnable()方法和OnDisable()方法，在两个方法中分别输出不同内容，观察这两个方法调用的情况。

脚本代码如下：

```csharp
using System.Collections;
using System.Collections.Generic;
using UnityEngine;

public class TestEnableDisable: MonoBehaviour {

    void OnEnable()
    {
        print("物体被启用了");
    }
    void OnDisable()
    {
        print("物体被禁用了");
    }
}
```

在场景中创建一个Cube，将脚本拖动到Cube上，如图7-13所示。运行项目，运行时反复勾选Inspector面板中Cube的启用选项，观察Cosole面板输出结果：当勾选Cube启用选项时，输出"物体被启用了"；当取消Cube启用选项时，输出"物体被禁用了"，如图7-14所示。

图7-13　挂载脚本

图7-14　运行结果

7.1.5　访问组件和对象

1．访问组件

在前面的章节中，已简单地介绍了组件。组件其实就是游戏对象的"属性"和"功能"。通过为不同的游戏对象添加不同的组件，以此来实现对象的属性和功能的需求。

Unity中的脚本可以认为是用户自定义组件，并且可以挂载到游戏对象上来控制游戏对象的属性和行为，而游戏对象则可视为容纳各种组件的容器。

一个游戏对象由若干个组件构成。例如，在前场景添加了一个Cube后，选中这个Cube，Inspector面板中会显示这个Cube包含了4个组件：Transform组件、MeshFilter组件、MeshRenderer组件和BoxCollider组件，如图7-15所示。

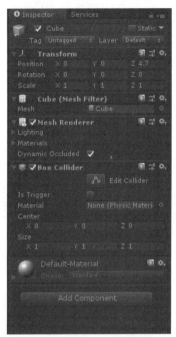

图7-15　Cube的四个组件

在实际项目中，经常需要访问游戏对象的各种组件，并为组件设置参数。对于系统内置的常用组件，Unity提供了非常便利的访问方式，只需要在脚本里直接访问组件对应的成员变量即可，这些成员变量定义在MonoBehaviour中并被继承了下来。常用的组件和其对应的变量如表7-1所示。

表7-1　常用的组件和其对应的变量

组件名称	变 量 名	作　　用
Transform	transform	设置对象的位置、旋转、缩放
Rigidbody	rigidbody	设置物理引擎的刚体属性
Renderer	renderer	渲染物体模型
Light	light	设置灯光属性
Camera	camera	设置相机属性
Collider	colider	设置碰撞体属性
Animation	animation	设置动画属性

如果要访问的组件不在表7-1中，或者访问的是脚本（脚本属于自定义组件），则可以通过表7-2所示方法来访问。

表7-2 访问组件的方法

方法名	作用
GetComponent	得到组件
GetComponents	得到组件（用于有多个同类型组件的时候）
GetComponentlnChildren	得到对象或对象子物体上的组件
GetComponentslnChildren	得到对象或对象子物体上的组件列表

案例7-5 输出游戏对象的名称和位置。

在脚本中创建一个Cube，编写脚本挂载在Cube上，脚本的功能是输出这个游戏对象的名称、位置坐标和颜色值。

脚本代码如下：

```
using System.Collections;
using System.Collections.Generic;
using UnityEngine;

public class TestPrintInfo : MonoBehaviour {

    void Start () {
        print(this.name);                         //输出名称
        print(this.transform.position);           //输出位置坐标
        print(this.GetComponent<MeshRenderer>().material.color);//输出颜色值
    }
}
```

运行结果如下：游戏对象的名称是Cube，位置坐标是（0.0,0.0,4.7），颜色值为RGBA（1.000,1.000,1.000,1000）白色，如图7-16所示。

图7-16 运行结果

2．访问对象

在 Unity 场景中出现的所有物体都属于游戏对象（GameObject），游戏对象和脚本是紧密相连的，游戏对象间的交互通常也是通过脚本来实现的。在Unity中，使用者可通过以下几种常用的方式来访问游戏对象。

通过Unity可视化操作访问、通过游戏对象名称查找、通过游戏对象标签查找。

1）通过Unity可视化操作访问

游戏对象的组件中包含不同的属性，如果属性的访问级别是Public，那么这个属性就会出现在Inspector面板中，使用者可以对其进行查看和赋值。

在脚本中创建一个GameObject类的变量，访问级别为Public，此时选中挂载此脚本的游戏对象，这个变量会出现在的Inspector面板中。将需要访问的游戏对象拖动到这个变量上，即可获取这个游戏对象。

案例7-6 输出其他游戏对象的名称、位置坐标和颜色值。

在场景中创建一个Cube和一个Sphere，创建一个脚本，并将其挂载在Cube上。脚本的作用是输出Sphere的名称、位置坐标和颜色值。

脚本代码如下：

```
using System.Collections;
using System.Collections.Generic;
using UnityEngine;

public class TestGetGameObject : MonoBehaviour {
    public GameObject basketball;
    void Start () {
        print(basketball.name);                    //输出小球名称
        print(basketball.transform.position);      //输出小球位置坐标
        print(basketball.GetComponent<MeshRenderer>().material.color);// 输出小球颜色
    }
}
```

将Sphere拖动到Basketball变量中，如图7-17所示。

运行结果如下：小球的名称为Sphere，位置坐标为（0.0，0.0，0.0），颜色为RGBA（1.000,1.000,1.000,1.000）白色，如图7-18所示。

图7-17 挂载脚本　　　　　　　　　　　图7-18 运行结果

2）通过游戏对象名称查找

GameObject类中提供了通过名称访问游戏对象的方法：GameObject.Find（游戏对象名）。如果场景中存在指定名称的游戏对象，那么返回该对象的引用，否则返回null。如果多个游戏对象重名，那么返回第一个游戏对象的引用（这里的第一个指的是最后一个添加的游戏对象）。该方法无法查找被禁用的游戏对象。

如果被查找的游戏对象是其他对象的子物体，那么调用该方法时的实参写明路径，例如GameObject.Find("Canvas/Text")，可以访问场景中Canvas的子物体Text。

案例7-7 输出其他游戏对象的名称、位置坐标和颜色值。

在场景中创建一个Cube和一个Sphere，创建一个脚本，并将其挂载在Cube上。脚本的作用是输出Sphere的名称、位置坐标和颜色值。

```
using System.Collections;
using System.Collections.Generic;
```

```
    using UnityEngine;

    public class TestGetGameObject : MonoBehaviour {
        public GameObject basketball;
        void Start () {
            basketball = GameObject.Find("Sphere");    //查找名称为"Sphere"的游戏对
象,将其赋值给basketball
            print(basketball.name);                    // 输出小球名称
            print(basketball.transform.position);      // 输出小球位置坐标
            print(basketball.GetComponent<MeshRenderer>().material.color);// 输
出小球颜色
        }
    }
```

运行结果如图7-19所示。

图7-19　运行结果

3）通过游戏对象标签查找

GameObject类中提供了通过标签名访问游戏对象的方法：GameObject.FindObjectWithTag（标签名）如果场景中存在指定标签的游戏对象，那么返回该对象的引用，否则返回null；如果多个游戏对象使用同一标签，那么返回第一个游戏对象的引用（这里的第一个指的是最后一个添加的游戏对象）。如果场景中有多个相同标签的游戏对象，可以通过FindGameObjectsWithTag()方法获取游戏对象数组。

案例7-8　输出标签为"enemy"的游戏对象的名称和位置坐标。

在场景中创建一个Cube和三个Sphere，在Inspector面板的Transform组件中将它们设置到不同的位置，并分别命名为"Sphere1""Sphere2""Sphere3"，将它们的Tag都设置为"Enemy"（需要先添加这个标签），如图7-20所示。

图7-20　设置Tag

创建一个脚本，并将其挂载在Cube上。脚本的作用是输出Sphere的名称、位置坐标和颜色值。脚本代码如下：

```
    using System.Collections;
    using System.Collections.Generic;
    using UnityEngine;

    public class TestGetGameObjectsWithTag : MonoBehaviour
    {
```

```
    public GameObject[] enemies;// 创建一个 GameObject 类的数组，数组名为 enemies。
    void Start()
    {
        enemies = GameObject.FindGameObjectsWithTag("enemy");// 查找场景中所有标
签为 "enemy" 的游戏对象，全部存储在数组 enemis 中。
        foreach(GameObject i in enemies)
        {
            // 输出数组 enemies 中每一个元素的名称和位置坐标
            print(i.name);
            print(i.transform.position);
        }
    }
}
```

运行结果如图7-21所示，分别输出了三个Sphere的名称和位置坐标。

图7-21 运行结果

7.1.6 常用类

1．Time类

在 Unity 中可以通过 Time 类来获取和时间有关的信息，可以用来计算帧速率，调整时间流逝速度等功能。Time 类的属性和对应功能如表7-3所示。

表7-3 Time类的属性和对应功能

属　　性	功　　能
Time.time	表示从游戏开始到现在的时间，会随着游戏的暂停而停止计算
Time.deltaTime	从上一帧到当前帧的时间，以秒为单位
Time.unscaledDeltaTime	timescale 没有设置的时候与deltaTime相同，若timescale被设置，则无效
Time.unscaledTime	timescale 没有设置的时候与time相同，若timescale被设置，则无效
Time.timeSinceLevelLoad	从当前Scene开始到目前为止的时间，也会随着暂停操作而停止，更换场景时将重置
Time.fixedDeltaTime	以秒计间隔，在物理和其他固定帧率进行更新

续表

属　性	功　能
Time.realtimeSinceStartup	从游戏开始后的总时间，即使暂停也会不断地增加
Time.frameCount	从游戏开始后的总帧数
Time.fixedTime	以秒计游戏开始的时间，固定时间以定期间隔更新（相当于fixedDeltaTime）直到达到time属性
Time.SmoothDeltaTime	一个平稳的deltaTime，根据前N帧的时间加权平均的值
Time.timeScale	间缩放，默认值为1，若设置<1，表示时间减慢，若设置>1，表示时间加快，可以用来加速和减速游戏
Time.captureFramerate	表示设置每秒的帧率，不考虑真实时间

Time 类包含一个重要的类变量：deltaTime，它表示距离上一次调用所用的时间，通常是一个从0到1区间内的小数，单位是秒。

脚本控制场景中的游戏对象移动或旋转时，由于默认速度较快，所以一般做法是参数乘以一个小数以此来降低速度。但出现deltaTime后，小数可使用此来替代，也就是直接乘以Time.deltaTime 也一样可以实现了。

如果要在脚本中设置游戏对象匀速移动，并且控制移动的代码要放在 Update()中，但 Update() 方法每一帧与每一帧执行时耗用时间不相同，此时可以将每一帧的移动距离乘以 Time.deltaTime，就可以实现匀速移动。原理如下：脚本控制游戏对象的方法是在更新方法内使物体每一帧移动相同距离，由于每一帧花费的时间不同，所以当项目运行时，在用户看来就是游戏对象在不停地移动。设游戏对象每一帧的速率为v，每一帧移动的距离为s，则v=s/Time.deltaTime。此时由于每一帧Time.deltaTime不相同，所以每一帧的速率v都不相同。如果将s乘以Time.deltaTime，则v=s*Time.deltaTime/Time.deltaTime，速率v恒定不变。

案例7-9 Time 类常用的成员变量以及具体值。

创建一个脚本：TestTime.cs，脚本的功能是列出 Time 类常用的成员变量以及具体值。

脚本代码如下：

```
using System.Collections;
using System.Collections.Generic;
using UnityEngine;

public class TestTime : MonoBehaviour {
    void Update () {
        print("游戏已开始了" + Time.time + "秒。");
        print("距离上次调用的时间是" + Time.deltaTime + "秒。");
        print("游戏时间缩放是" + Time.timeScale);
        print("已渲染的帧数是" + Time.frameCount);
    }
}
```

运行结果如图7-22所示。

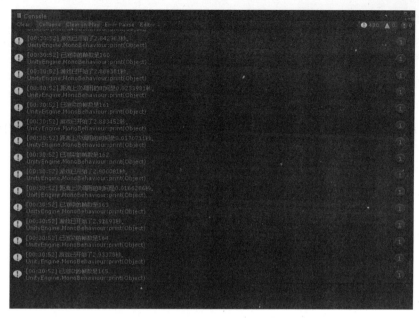

图7-22　运行结果

2．Input类

Unity的外部输入资源有键盘、鼠标、移动设备的触摸屏、游戏杆等很多种类。Input类就是用来管理这些的输入值。建议在Update中监测用户的输入。Input类可在Unity中打开，进行查看和编辑，如图7-23、图7-24所示。

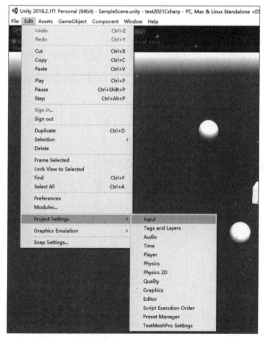

图7-23　Unity中查看和设置Input类（1）

图7-24　Unity中查看和设置Input类（2）

参数的含义：

轴（Axes）：设置当前项目中的所有输入轴。Size为轴的数量；0，1…元素可以对每个轴进行修改。

名称（Name）：轴的名称，用于游戏加载界面和脚本中。

描述名称（Descriptive Name）：游戏加载界面中，轴的正向按键的详细描述。

描述负名称（Descriptive Negative Name）：游戏加载界面中，轴的反向按键的详细描述。

负按钮（Negative Button）：该按钮用于在负方向移动轴（如：左）。

正按钮（Positive Button）：该按钮用于在正方向移动轴（如：右）。

备选负按钮（Alt Negative Button）：备选按钮用于在负方向移动轴（如：a）。

备选正按钮（Alt Positive Button）：备选按钮用于在正方向移动轴（如：d）。

重力（Gravity）：输入复位的速度，仅用于类型为键/鼠标的按键。

死亡（Dead）：模拟的死区大小，任何小于该值的输入值（不论正负值）都会被视为0，用于摇杆。

灵敏度（Sensitivity）：轴每秒向目标值移动的单位速度。对于键盘输入，该值越大则响应时间越快，该值越小则越平滑。对于鼠标输入，设置该值会对鼠标的实际移动距离按比例缩放。

捕捉（Snap）：如果启用该设置，当轴收到反向的输入信号时，轴的数值会立即置为0，仅用于键盘/鼠标输入。

反向（Invert）：启用该参数可以让正向按钮发送负值，反向按钮发送正值。

类型（Type）：控制轴的输入设备类型。所有的按钮输入都应设置为键/鼠标（Key / Mouse）类型；对于鼠标移动和滚轮应设置为鼠标移动（Mouse Movement）；摇杆设置为摇杆轴（Joystick Axis），用户移动窗口设置为窗口移动（Window Movement）。

轴（Axis）：连接设备的轴将控制这个轴。

操作杆（JoyNum）：设置使用哪个摇杆，默认接收所有摇杆的输入，仅用于输入轴和非按键。

使用Input检测鼠标按键时，GetMouseButton(0)检测鼠标左键点击，GetMouseButton(1)检测鼠标右键点击，GetMouseButton(2)检测鼠标滚轮点击。

GetButtonDown表示鼠标按下才会执行，GetButton表示按住鼠标不放就一直执行，GetButtonUp表示按下鼠标放开后才会执行。

GetKey()检测键盘的某个键被按下，参数为KeyCode类型或者字符串类型。

GetAxis（"组合键名"）方法用来获取在Unity中设置好的组合键值。此方法返回值是-1.0f~1.0f，通常是在游戏对象做平滑移动时使用。GetAxisRaw（"组合键名"）方法返回的是-1、1、0三个枚举值，主要用于对键盘控制即时性要求较高的情况。

案例7-10 调用Input类中常用的按键检测方法。

编写脚本，脚本的功能是当鼠标或者键盘的某个键被按下时，输出对应的按键名称。

脚本代码如下：

```
using System.Collections;
using System.Collections.Generic;
using UnityEngine;
```

```
public class TestInput: MonoBehaviour {
    void Update () {
        if (Input.GetMouseButton(0))
            print(" 鼠标左键被点击 ");
        if (Input.GetMouseButton(1))
            print(" 鼠标右键被点击 ");
        if (Input.GetMouseButton(2))
            print(" 鼠标滚轮被点击 ");
        if (Input.GetKey(KeyCode.Space))
            print(" 空格键被按下 ");
    }
}
```

运行时随机点击鼠标左右键、滚轮键和键盘空格键，在Console面板中可看到对应的输出内容。运行结果如图7-25所示。

图7-25　运行结果

案例7-11　键盘WASD键和鼠标滚轮控制游戏对象移动。

在场景中创建一个Cube，创建脚本，命名为TestMove，将其挂载在Cube上。脚本的功能是使用户能通过键盘的WASD键控制Cube在X轴和Y轴方向上移动，通过鼠标滚轮控制Cube在Z轴方向上移动。

脚本代码如下：

```
using System.Collections;
using System.Collections.Generic;
using UnityEngine;

public class TestMove : MonoBehaviour {
    public float x, y, z;
    void Update () {
        x = Input.GetAxis("Horizontal");
        y = Input.GetAxis("Vertical");
        z = Input.GetAxis("Mouse ScrollWheel");
        transform.Translate(new Vector3(x, y, z));
    }
}
```

运行时可观察到，当按键盘WASD键、推动鼠标滚轮时，Cube分别沿着X轴、Y轴、Z轴方向移动。

> "1+X"证书职业技能等级要求：能运用编程工具输出编程过程中需要查看的调试信息。能使用变量和运算符表达式。能运用循环和条件分支语句。能运用隐式转换和显示转换实现基础类型变量的转换。能运用多维数组来存储数据。能运用带参函数实现代码的重用。能通过输入设备（如鼠标、键盘、手柄、手势等）对角色、物品进行拖动、缩放、复位等操作。

7.2 可视化交互开发

7.2.1 PlayMaker简介及安装

扫一扫
PlayMaker简介及安装

Unity中可以安装可视化交互开发插件，可以在不编写代码的情况下，实现一些简单交互功能。本节以PlayMaker为例进行可视化交互的讲解。

1. PlayMaker简介

PlayMaker是由第三方软件开发商Hotong Games开发完成的一个可视化交互开发工具。使用者通过PlayMaker能够很快地完成游戏中一些简单的交互制作，既适合独立开发者，又特别适合团队合作。

2. PlayMaker安装

（1）打开Assets窗口，搜索PlayMaker，如图7-26所示。

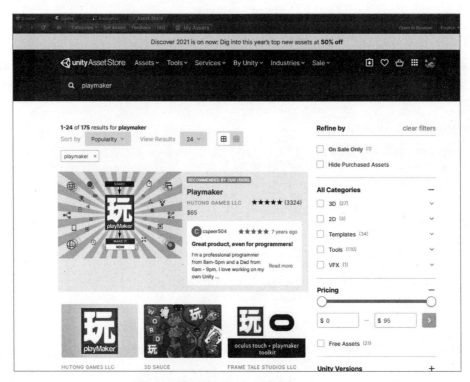

图7-26　在Asset Store中搜索PlayMaker

（2）购买后下载、导入Unity，如图7-27、图7-28所示。注意目前PlayMaker仅支持2017.4.1或以上版本的Unity。

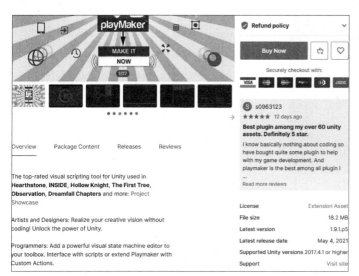

图7-27　购买PlayMaker

图7-28　导入PlayMaker

（3）完成导入后Unity菜单栏会出现"PlayMaker"选项，如图7-29所示。

图7-29　菜单栏出现"PlayMaker"选项

（4）选择"PlayMaker>Install PlayMaker"，如图7-30所示。

（5）单击"Install PlayMaker>Install PlayMaker>I Made a Backup.Go Ahead!>Import"，等待一段时间后，PlayMaker安装完成，如图7-31～图7-33所示。

图7-30　打开PlayMaker窗口　　　　图7-31　安装PlayMaker

图7-32 PlayMaker安装欢迎界面

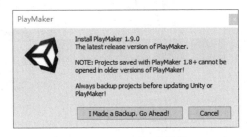

图7-33 PlayMaker安装提示

（6）完成安装后，选择"PlayMaker>PlayMaker Editor"命令，可以打开PlayMaker编辑器窗口，如图7-34～图7-36所示。

图7-34 导入PlayMaker

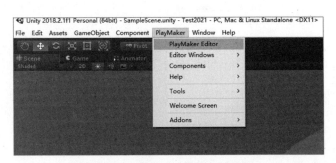

图7-35 打开PlayMaker编辑器窗口

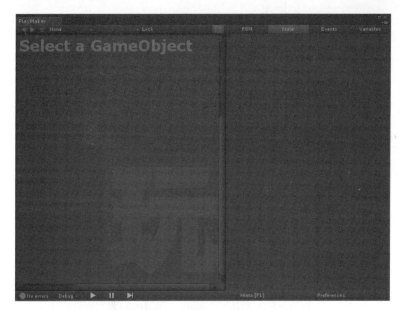

图7-36 PlayMaker编辑器窗口

7.2.2 PlayMaker操作界面认识

（1）选择工具栏：FSM选择工具。
（2）图标视图：编辑状态和转换。
（3）状态编辑视图：编辑选定的FSM/状态。
（4）调试工具栏：调试和播放工具。
（5）偏好设置：PlayMaker设置。

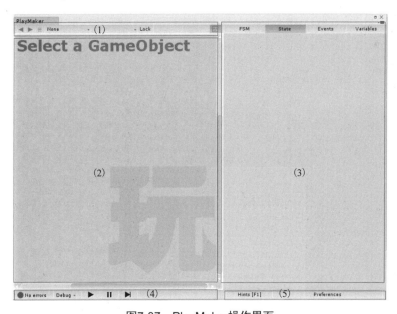

图7-37 PlayMaker操作界面

在层级面板中选中一个游戏对象，然后在PlayMaker图标视图中右击，可以创建FSM。在PlayMaker中，FSM是被作为component（组件）添加给游戏对象的。因此，一个FSM可以被看做是一个独立的脚本程序用以实现一个独立的功能。

图标视图：包含编辑状态和转换，右键可以进行添加。

状态编辑视图中有四个选项卡，分别是FSM、State、Events、Variables，如图7-38所示。

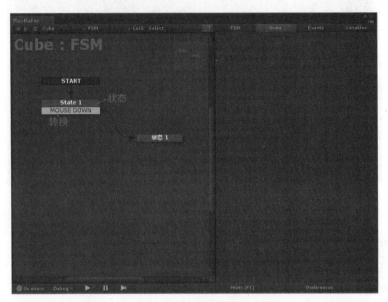

图7-38　图标视图

新建的FSM存在State 1状态，初始行为都由State 1进行处理，在空白处右击，选择"Add State"命令，可以添加一个新的状态State 2，如图7-39所示，不同状态可通过不同事件产生过渡。

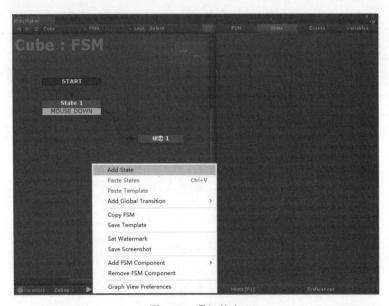

图7-39　添加状态

指定系统事件或自定义事件用于连接状态行为，通过设置的传递事件来实现状态间的切换。在状态编辑视图State1右击，选择"Add Global Transition"命令，依次单击State1、State2，在两个状态之间添加连接。

使用FSM、States、Events和Transitions可以搭出一个合理的交互逻辑的框架，但是这个交互逻辑在添加Action之前只是一个框架。只有添加了Action，State才变得有意义，游戏对象才会随着PlayMaker设计的逻辑来响应。

选中State1，在状态编辑视图中单击右下角"Action Browser"按钮。选中需要添加的Action，双击，该Action会出现在状态编辑视图中，表示已经添加到State1状态中了，如图7-40所示。

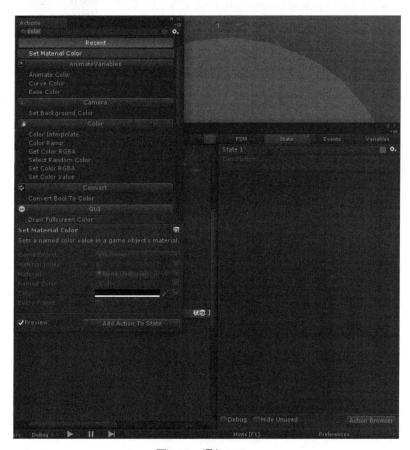

图7-40　添加Action

下面用一个案例来演示PlayMaker的用法。本案例用PlayMaker实现单击鼠标Cube变色的效果。

（1）在场景中创建一个Cube，选择这个Cube，在PlayMaker状态编辑面板中右击，添加FSM。

（2）在PlayMaker状态编辑面板右击，为Cube添加一个新的状态State2。选中State1，右击，选择"Add Global Transition>System Events>MOUSE DOWN"命令，依次单击State1、State2，在两个状态之间添加连接，如图7-41所示。

（3）在Project面板创建材质，命名为CubeMaterial。将其拖动到Cube上。

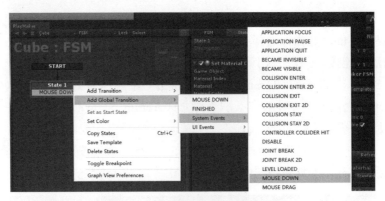

图7-41　添加两个状态之间的连接

（4）选中Cube，为Cube的State1状态添加一个Action：Set Material Color（设置材质颜色），如图7-42所示。为State2状态也添加Set Material Color（设置材质颜色）。

图7-42　添加Action

（5）选中State1，将材质拖动到状态编辑面板中的Material属性中，设置Color为黑色；选中State1，将材质拖动到状态编辑面板中的Material属性中，设置Color为红色。

（6）运行游戏，在Game面板中单击，可看到Cube变成红色。

思政元素：本小节体现了科学技术是第一生产力的马克思主义的基本原理。

7.3　开　　关

本节主要介绍使用脚本实现开关灯光等简单的交互功能。开关实际上就是对Unity中光照组件的启用和禁用，或者改变光照组件的某个属性值。

案例7-12 碰撞触发灯光开关。

在场景中创建一个Cube和一个Plane，Cube在Plane上方。为Cube添加Rigidbody组件，使其受重力。编写脚本，命名为TestLight，挂载在Cube上。脚本的功能是：当Cube落到Plane上时，场景中灯光变暗。这个案例有以下几个知识点：①碰撞检测。Cube落到Plane上，即Cube与Plane发生碰撞，此时要触发灯光变化。碰撞检测可使用OnCollisionEnter()方法。②访问灯光物体。可使用GameObject.Find（灯光物体的名称）方法来查找灯光。也可以创建一个公有的GameObject类的变量，将场景中的灯光物体拖动到inspector面板的变量中。③访问灯光组件。灯光变暗是将灯光物体的Light组件中的Intensity属性的值减小。可使用GetComponent<Light>().intensity来访问这个属性值，这个属性的类型是float。

脚本代码如下：

```csharp
using System.Collections;
using System.Collections.Generic;
using UnityEngine;

public class TestLight : MonoBehaviour {

    public GameObject lamp;
    // Use this for initialization
    void Start () {
            lamp = GameObject.Find("Directional Light");//访问场景中的方向光
    }

    void OnCollisionEnter()//碰撞检测
    {
            lamp.GetComponent<Light>().intensity = 0.1f;//灯光的强度属性减小为0.1
    }
}
```

运行时可观察到，当Cube落在Plane上时，场景中的光线变暗。

案例7-13 键盘空格键控制灯光开关。

编写脚本，命名为TestKeySpace，挂载在场景中的方向光上。脚本的功能是：当检测到键盘空格键被按下时：如果场景中灯光是亮的，则变暗；否则变亮。实现空格键的开关灯功能。这个案例有以下几个知识点：①按键检测。可在Update()方法中使用Input类中GetKeyDown()方法检测空格键是否被按下。②访问灯光物体。可使用GameObject.Find（灯光物体的名称）方法来查找灯光。也可以创建一个公有的GameObject类的变量，将场景中的灯光物体拖动到Inspector面板的变量中。③访问灯光组件。灯光开关的变化是改变灯光物体的Light组件中的启用状态。可使用GetComponent<Light>().enabled来访问灯光组件的启用、禁用状态，这个属性的类型是bool。

脚本代码如下：

```csharp
using System.Collections;
using System.Collections.Generic;
using UnityEngine;

public class TestKeySpace: MonoBehaviour {
    void Update () {
        if (Input.GetKeyDown(KeyCode.Space))//检测空格键是否被按下
```

```
            {
                // 将灯光组件的启用、禁用状态取反
                GetComponent<Light>().enabled = !GetComponent<Light>().enabled;
            }
        }
    }
```

运行时通过按空格键，可以控制灯光打开或关闭。

7.4　UI控制声音播放、暂停、停止和调节音量

本节主要介绍使用脚本实现控制声音播放、UI调节音量等简单的交互功能。开关声音实际上就是对Unity中AudioSource组件的启用和禁用，或者改变AudioSource组件的某个属性值。

案例7-14　键盘空格键控制声音开关。

此案例有以下几个知识点：①UI按钮点击检测。可使用按钮的OnClick()方法。②Slider控件调节音量。可将Slider的Value属性赋值给音频物体的Volume属性。③访问音频物体。可使用GameObject.Find（名称）方法来查找AudioSource对象。也可以创建一个公有的GameObject类的变量，将场景中的音频物体拖动到Inspector面板的变量中。④访问AudioSource组件。音频的播放和暂停使用AudioSource组件中的Play()方法、Pause()方法和Stop()方法。

操作步骤：

在场景中创建一个AudioSource对象，将导入的音频文件拖动到该物体Inspector面板中的AudioClip属性中，由于是使用UI控制音频播放，所以要将PlayOnAwake()属性取消勾选。

在场景中创建Canvas。Canvas上创建3个按钮，分别将按钮上的文本改为"播放""暂停""停止"，调整到合适的位置。创建1个Slider，将Slider的Value属性的值设置为0.5，如图7-43所示。

创建脚本，命名为TestAudio，挂载在场景中的音频物体上。脚本的功能是：当单击"播放"按钮时播放音频；当单击"暂停"按钮时暂停音频；当单击"停止"按钮时音频停止；移动Slider上的handle时，可以调节音频的音量大小。

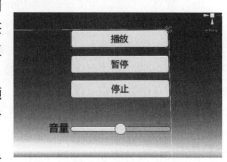

图7-43　Canvas和UI控件

脚本代码如下：

```
using System.Collections;
using System.Collections.Generic;
using UnityEngine;
using UnityEngine.UI;
```

```csharp
public class TestAudio : MonoBehaviour {
    // 将场景中Slider控件拖动到musicVolumeSlider属性中，即将场景中Slider赋值给musicVolumeSlider
    public GameObject musicVolumeSlider;
    void Update()
    {
        // 将Slider的值赋值给音频的音量属性，实现Slider调节音量大小的功能
        GetComponent<AudioSource>().volume = musicVolumeSlider.GetComponent<Slider>().value;
    }
    public void PlayMusic()
    {
        GetComponent<AudioSource>().Play();
    }

    public void PauseMusic()
    {
        GetComponent<AudioSource>().Pause();
    }

    public void StopMusic()
    {
        GetComponent<AudioSource>().Stop();
    }
}
```

将脚本挂载在AudioSource物体上，如图7-44所示，将Slider控件拖动到Inspector面板脚本中的musicVolumeSlider属性上。

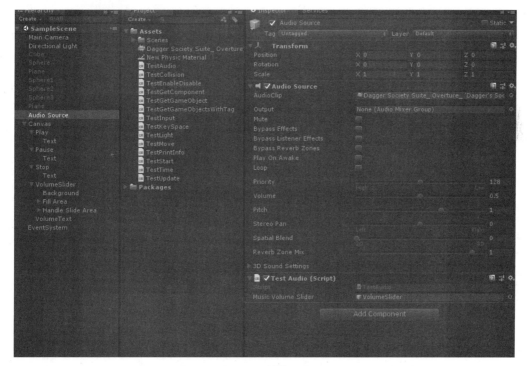

图7-44 挂载脚本

三个按钮的按钮组件内的OnClick()方法内分别添加自定义脚本的三个方法。

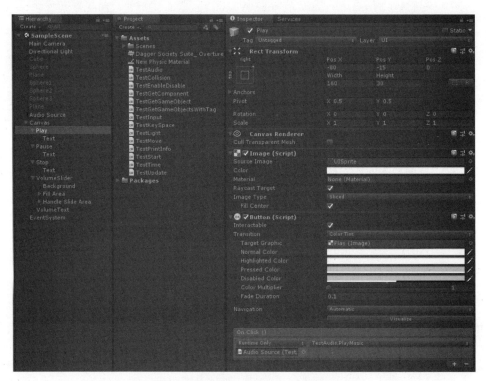

图7-45　设置按钮的OnClick()方法

> "1+X"证书职业技能等级要求：能运用按钮控件、文本控件、单选框控件、复选框控件等界面控件创建用户界面。能运用锚点，使用户界面适配不同分辨率的设备。能运用用户界面组件，对用户界面进行排列并设置排列参数。能运用用户界面组件进行界面美化，丰富界面效果。能运用用户界面组件中控件的事件监听方法实现调节音量、颜色变化、图片切换等交互功能。

运行时可单击3个按钮实现音频的播放、暂停和停止，拖动滑块调节音量。

7.5　物体移动、旋转、缩放和替换材质

扫一扫

物体移动、旋转、缩放和替换材质

本节主要介绍使用脚本实现控制替换游戏对象移动、旋转、缩放和替换材质等简单的交互功能。游戏对象的移动、旋转和缩放可以通过改变Transform组件的position、rotate和scale属性值实现，替换材质可以通过访问MeshRender组件的material属性实现。

案例7-15　物体移动、旋转、缩放和替换材质。

在场景中创建一个Cube，键盘WASD键控制其在X轴和Y轴方向上移动，鼠标滚轮控制其在Z轴上移动，空格键控制Cube旋转，空格键按下时，Cube围绕Y轴旋转，空格键抬起时，Cube停止旋转。当Cube与其他游戏对象发生碰撞时，Cube变色。

操作步骤：

首先在场景中创建一个Cube和若干个Sphere，并调整到合适位置。为Cube添加Rigidbody组件，并取消useGravity属性勾选，使Cube能够与其他游戏对象发生碰撞。

创建脚本，命名为TestTransformMatertial，将脚本挂载在Cube上。

脚本代码如下：

```csharp
using System.Collections;
using System.Collections.Generic;
using UnityEngine;

public class TestTransformMatertial: MonoBehaviour {

    public float x, y, z;//x、y、z分别表示获取的WASD键和鼠标滚轮默认轴
    public float r, g, b;//r、g、b分别表示颜色的RGB值
    // Use this for initialization
    void Start () {

    }

    // Update is called once per frame
    void Update () {
        // 获取默认轴
        //"Horizontal" 和 "Vertical" 映射于A、W、S、D键和箭头键（方向键）
        //"Mouse ScrollWheel" 映射于鼠标滚轮
        x = Input.GetAxis("Horizontal");
        y = Input.GetAxis("Vertical");
        z = Input.GetAxis("Mouse ScrollWheel");

        // 物体在世界坐标系中X、Y、Z轴上移动
        transform.Translate(new Vector3(0.2f * x, 0.2f * y, 5 * z), Space.World);

        // 当空格键是被按下的状态时，物体围绕世界坐标系的Y轴旋转
        if (Input.GetKey(KeyCode.Space))
        {
            transform.Rotate(new Vector3(0, 1, 0), Space.World);
        }
    }
    void OnCollisionEnter()// 碰撞检测
    {
        //随机生成三个在[0,1)区间内的浮点数，用来表示颜色的RGB值
        r = Random.Range(0.0f, 1.0f);
        g = Random.Range(0.0f, 1.0f);
        b = Random.Range(0.0f, 1.0f);

        //访问MeshRenderer组件下的material属性，material类中有color属性
        //可以为该属性赋值一个Color类的值，此处为color属性赋值为new Color(r,g,b)
        //由于r、g、b为随机数，所以每当发生碰撞时，物体颜色会随机变化
        GetComponent<MeshRenderer>().material.color = new Color(r, g, b);
    }
}
```

运行时可使用键盘WASD键或方向键控制Cube沿着世界坐标系移动，当Cube与其他游戏对

象碰撞时，颜色会随机变化。空格键持续按住可控制Cube围绕世界坐标系的Y轴旋转，空格键抬起时Cube旋转停止。

图7-46 运行结果

小　　结

　　本章结合多个交互案例，详细讲解了C#脚本交互的开发环境、脚本的创建和挂载、脚本生命周期、访问对象和组件、常用类的属性和方法，介绍了可视化开发插件PlayMaker的安装、界面和使用方法。通过本章的学习，读者将对于交互开发有初步理解，能够运用C#脚本或者可视化开发插件制作一些简单的交互项目。

习　　题

1. 请简述Start()和Update()方法的作用。
2. 请简述Unity3D编写C#脚本时有哪些注意事项。
3. 简述在项目运行过程中如何检测鼠标按键被点击。
4. 简述如何使用UI按钮设置游戏对象的颜色。

第三篇

案例实战篇

第 8 章 全景案例开发

学习目标：
- 了解全景案例开发基础。
- 熟悉全景案例制作流程。
- 掌握Unity全景案例开发技术。

随着科学和经济的发展，传统的表现方式已经不能满足各种需求。全景技术早已广泛应用于各类行业，为政府部门、房地产行业、装饰行业、酒店、宾馆、旅游行业、专业会展商及企业宣传推广企业形象、产品和服务提供了一种更完美、更便捷、更持久的数字化展示方案。

全景技术是指利用带有鱼眼镜头的照相机，拍摄水平360°方向及垂直180°方向的多张图像，再拼接成一张全景图像。然后通过全景图的串连构建出虚拟的全景空间。最后在全景空间中设计各种交互，如信息交互、移动、场景切换、背景音乐等，完成最终全景的开发。

8.1 全景案例开发基础

8.1.1 全景拍摄设备

一般只要是能够记录影像的设备，均可作为全景图像（视频）采集设备使用。如果希望拍摄高质量的全景图像（视频），建议使用专业拍摄设备进行。拍摄全景图像（视频），可使用普通单反或微单数码相机，也可使用专门针对全景图像（视频）拍摄的全景相机。常用设备如图8-1~图8-4所示。

图8-1 尼康单反相机　　图8-2 佳能微单相机　　图8-3 Insta360 one全景相机　　图8-4 GoPro全景组合相机

全景拍摄所需辅助设备包括：鱼眼镜头、全景云台、三脚架、快门线、内存卡等。如使用无人机，则可拍摄航拍全景图像（视频）。如图8-5～图8-8所示。

扫一扫

方案规划

图8-5　鱼眼镜头

图8-6　全景云台

图8-7　无人机

图8-8　三脚架

8.1.2　全景图像（视频）缝合软件

1. Kolor Autopano Giga

　　Kolor Autopano Giga（见图8-9）是一款功能强大、界面清爽、操作简单的全景照片缝合拼接制作工具软件。这款软件可以让用户用很短的时间把多张图片的缝隙接合，组成一张360°全死角的全景图，主要使用方向是用于创造全景，虚拟旅游和拍摄千兆像素图像，还可以让用户把全景图片导出为Flash，也支持自动缝合图片和创建。用户可以在9种投影模式中选择一个最适合自己的全景图，并以准确的像素实时在全景编辑器中编辑自己的全景图。全景编辑器也支持全景图像的五个最新的贴图投影类型。

2. Kolor Autopano Video Pro

　　Kolor Autopano video pro（见图8-10）是一款极为优秀的全景视频拼接软件，界面清爽、操作简单，可以缝合和自动创建360°身临其境的视频，只需几步就能将多个视频拼接为全景视频。并且支持自动缝合和创建。其强大的渲染功能更是锦上添花，不但效率高而且占用计算机内存少，可以让用户轻轻松松地完成剪辑工作。

图8-9 Kolor Autopano Giga 软件图标　　　图8-10 Kolor Autopano Video Pro软件图标

8.1.3 全景图像处理软件

1．Photoshop

Adobe Photoshop（以下简称PS，见图8-11）是由Adobe 公司开发和发行的图像处理软件。PS主要处理以像素构成的数字图像。使用其众多的编修与绘图工具，可以有效地进行图片编辑工作。PS有很多功能，在图像、图形、文字、视频、出版等各方面都有涉及。

PS的CS3版本更新了与图像拼接相关的功能，但目前PS还无法完整地进行全景图像的拼接。本书将主要针对全景图像后期处理所涉及的相关功能进行讲解，如补地、调色、修复等。

2．Lightroom

Adobe Photoshop Lightroom（以下简称Lightroom，见图8-12）是Adobe 公司研发的一款以后期制作为重点的图形工具软件。其增强的校正工具、强大的组织功能以及灵活的打印选项可以帮助用户加快图片后期处理速度，将更多的时间投入拍摄。

在全景图像处理的过程中，主要使用的Lightroom功能是对RAW格式图像进行解码以及调色、润饰和参数同步等。虽然PS中也有相应的插件可以进行这些处理，但是高效批量处理全景图像时，还是使用Lightroom更为方便。

3．After Effects

Adobe After Effect（以下简称AE，见图8-13）是由Adobe 公司开发的一个视频剪辑及设计软件，是制作动态影像设计不可或缺的辅助工具，是视频后期合成处理的专业非线性编辑软件。AE应用范围广泛，涵盖影片、电影、广告、多媒体以及网页等，时下最流行的一些计算机游戏，很多都使用它进行合成制作。

图8-11 PS 软件图标　　　图8-12 Lightroom 软件图标　　　图8-13 AE 软件图标

在全景视频处理的过程中，主要使用的AE功能是对视频文件进行解码以及调色、润饰和参数同步等。同时也可以使用AE的SkyBox Studio插件，从全景视频中截取静态全景图像来制作全景图像应用。

8.1.4 全景应用制作引擎

Unity 游戏引擎（见图8-14）是实时3D互动内容创作和运营平台。包括游戏开发、美术、建筑、汽车设计、影视在内的所有创作者，借助Unity将创意变成现实。Unity平台提供一整套完善的软件解决方案，可用于创作、运营和变现任何实时互动的2D和3D内容，支持平台包括手机、平板电脑、PC、游戏主机、增强现实和虚拟现实设备。

图8-14　Unity 图标

在全景图像（视频）案例中，常以Unity引擎为基础进行交互开发，并发布针对PC、VR、AR、MR、手机等不同设备的应用程序。

8.2　全景案例制作流程

全景图像（视频）开发制作流程并不复杂，但需掌握的技巧与知识要求比较全面，涉及的软件较多，且以专业软件为主。具体流程如图8-15所示。

图8-15　全景案例制作流程

8.3　全景照片后期处理

以下案例包含除全景拍摄以外的后续制作流程，全景图像（视频）拍摄方法与技巧并不在此进行讲解。

8.3.1 全景图像（视频）缝合

（1）打开Kolor Autopano Video Pro软件，并将准备好的全景视频素材导入软件，可选择拖动的方式将所有视频文件拖动至软件界面中，也可以双击软件界面中心选择视频文件导入，如图8-16、图8-17所示。

图8-16　导入（1）

图8-17　导入（2）

（2）完成视频时间轴同步，单击工具栏中的"同步"按钮，在同步操作面板中，可以选择"利用声音来同步"或"利用动作来同步"，也可手动调节起始时间来进行视频同步，如图8-18、图8-19所示。

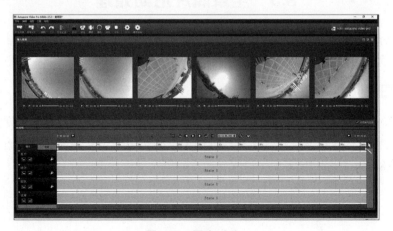

图8-18　同步（1）

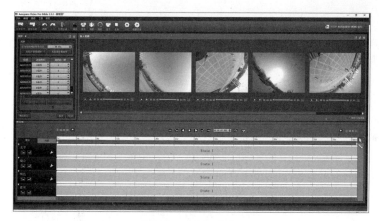

图8-19 同步（2）

（3）视频时间同步完成后，单击工具栏中的"缝合"按钮，在缝合操作面板中，根据拍摄设备选择不同选项（本案例拍摄设备为GoPro，故选择第一项），单击"缝合"按键，等待软件自动缝合视频文件，缝合结束后，自动弹出实时预览窗口，可进行缝合后的预览，如图8-20、图8-21所示。

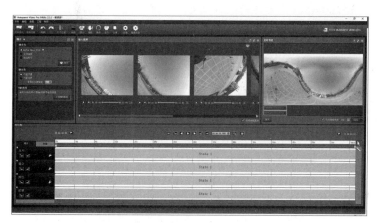

图8-20 缝合（1）

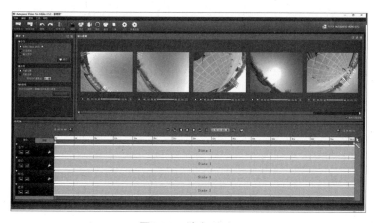

图8-21 缝合（2）

（4）可以看到缝合之后的视频是扭曲的状态，单击实时预览窗口中的"编辑"按钮，选择打开Kolor Autopano Giga，视频文件将被提取，并在Kolor Autopano Giga软件中打开，双击预览图像或单击"编辑"按钮，打开编辑窗口，如图8-22、图8-23所示。

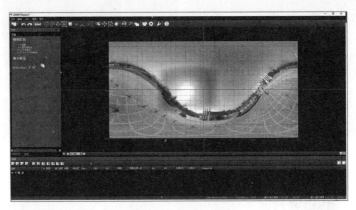

图8-22　编辑（1）

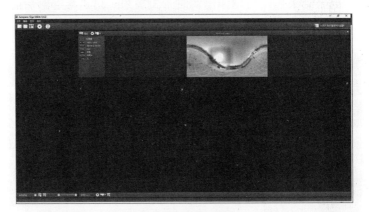

图8-23　编辑（2）

（5）在Kolor Autopano Giga编辑窗口中，单击工具栏中的"移动"工具，在图像上不同位置按住鼠标左键进行上下左右拖动，参考水平分割线完成扭曲调整，如图8-24、图8-25所示。

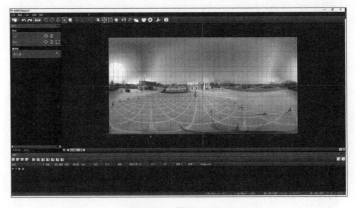

图8-24　移动（1）

图8-25 移动（2）

（6）关闭Kolor Autopano Giga软件并保存，返回Kolor Autopano Video Pro软件，可以看到实时预览窗口中的图像已经完成了扭曲调整，单击工具栏中的"渲染"工具，在弹出的窗口中可以设置渲染参数，可选择渲染视频文件，也可进行图像序列渲染，设置完成后单击"渲染"按钮，如图8-26、图8-27所示。

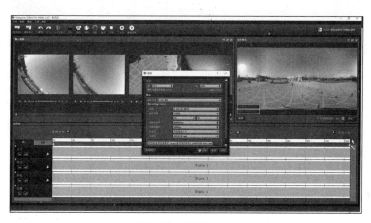

图8-26 渲染（1）

图8-27 渲染（2）

8.3.2 全景图像（视频）处理

（1）打开AE软件，导入渲染完成的全景视频，如图8-28、图8-29所示。

图8-28　导入视频（1）

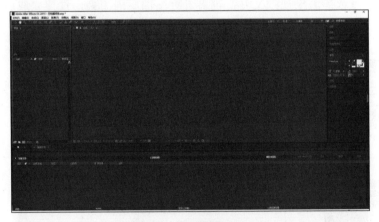

图8-29　导入视频（2）

（2）将导入的全景视频拖动至合成窗口，创建视频合成，如图8-30、图8-31所示。

图8-30　视频合成（1）

图8-31 视频合成（2）

（3）单击文件菜单，选择"脚本"中的"SkyBox Extractor"脚本，完成天空盒视频的制作，如图8-32、图8-33所示。

图8-32 制作天空盒视频（1）

图8-33 制作天空盒视频（2）

（4）在项目菜单中找到"conversion"扩展名的视频文件，双击打开，同时在下方时间轴中选择合适的时间点，右击"conversion"后缀的文件选择"创建代理"中的"静止图像"，将当前时间点的静止图像加入渲染序列，如图8-34、图8-35所示。

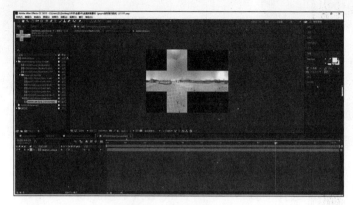

图8-34　选择时间点

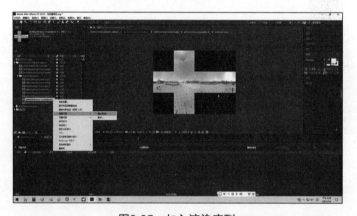

图8-35　加入渲染序列

（5）单击设置图像渲染格式，这里使用JPEG最高质量输出，同时设置输出路径与输出文件名称，完成静态全景图渲染输出。如图8-36和图8-37所示。

图8-36　设置渲染格式

图8-37 输出文件设置

(6)打开PS软件,导入输出后的全景图像。如图8-38和图8-39所示。

图8-38 打开PS软件

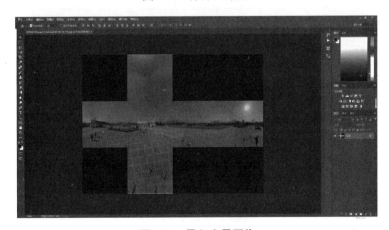

图8-39 导入全景图像

(7)使用"图章工具",将全景图像中地面的三脚架修掉,完成补地的操作,同时也可用PS中的其他修补工具,对需要调整的部分进行修整,如图8-40所示。

（8）使用"图像"菜单下的"调整"类工具，对全景图像的亮度、对比度、色调等进行调节，如图8-41、图8-42所示。

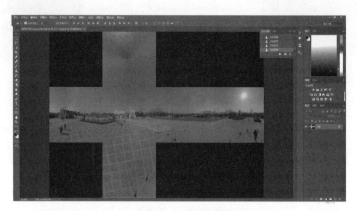

图8-40　修补图像

图8-41　调整（1）

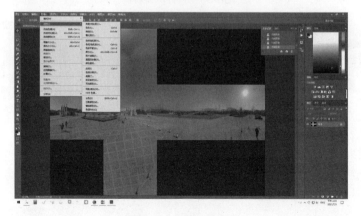

图8-42　调整（2）

（9）可以根据全景图像需求，添加额外的内容至全景图象中，如水印、企业Logo等，此处我们添加"全景图像测试"黑体、30%透明度、红色文字加以演示，完成所有处理内容后保存图像，如图8-43所示。

图8-43 添加水印

（10）将保存好的图像导回AE中，并添加至视频合成中，放于顶层。右击合成列表中的图像文件，选择"效果>Mettle>Mettle SkyBox Converter"命令，完成设置后重新渲染输出静态图像，如图8-44、图8-45所示。

图8-44 将图像添加至视频合成

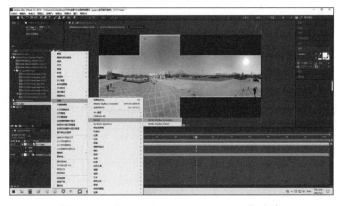

图8-45 "Mettle SkyBox Converter"命令

"1+X"标准：本小节对应虚拟现实应用开发职业技能等级要求（初级）中"1.1图像处理"标准要求。

8.4　全景照片导入Unity

扫一扫

全景照片导入Unity

（1）打开Unity Hub软件，并单击"新建"按钮，创建一个新的全景项目，设置项目名称与项目保存位置，单击"创建"按钮，如图8-46、图8-47所示。

图8-46　步骤（1）-1

图8-47　步骤（1）-2

（2）等待Unity打开后，将制作好的全景图像（除了上边已经制作完成的图像外，另有两张准备好的全景素材图像）拖入资源面板中，选中所有的三张图像，在Inspector面板中将Texture Shape改为Cube，并单击"Apply"应用，如图8-48、图8-49所示。

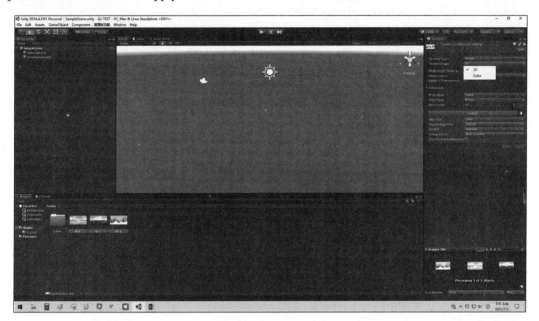

图8-48　步骤（2）-1

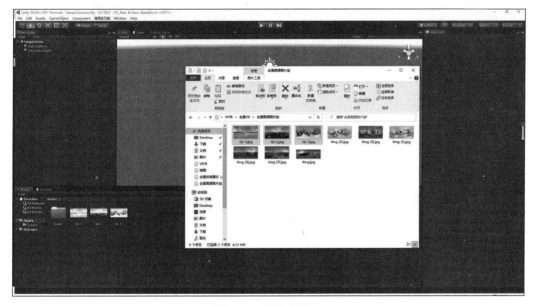

图8-49　步骤（2）-2

（3）为三个全景图像分别创建三个材质球，选中所有的三个材质球，在Inspector面板中将Shader改为SkyBox中的Cubemap模式，如图8-50、图8-51所示。

图8-50 步骤（3）-1

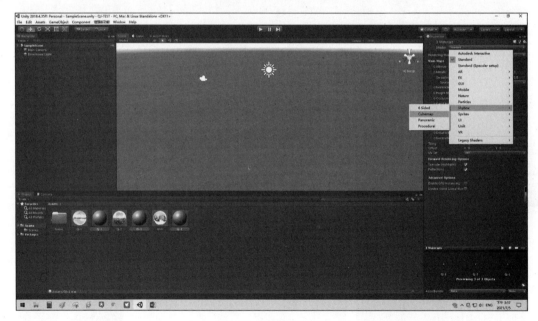

图8-51 步骤（3）-2

（4）依次选中三个材质球，将三个全景图像分别拖入对应名称材质球的Cubemap属性中，然后将三个材质球分辨拖入场景界面中进行预览与测试，如图8-52、图8-53所示。

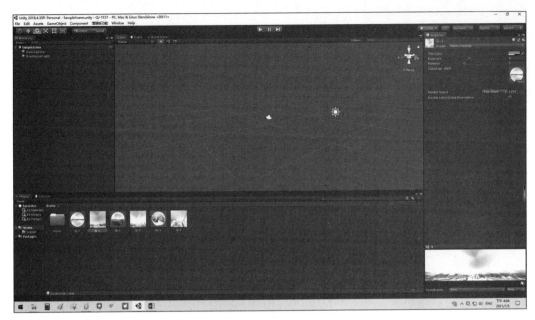

图8-52 步骤（4）-1

图8-53 步骤（4）-2

8.5 全景照片交互创建

（1）将准备好的三段音频素材导入Unity全景项目中，在Hierarchy中右击创建一个空对象，并命名为"AudioGroups"，再在该空对象下创建三个空对象，如图8-54、图8-55所示。

全景照片交互创建

图8-54 步骤（1）-1

图8-55 步骤（1）-2

（2）分别选中"AudioGroups"下的三个空对象，将三段音频素材分别添加至这三个空对象中，并将"Inspector"面板中"Play On Awake"关闭，同时打开"Loop"循环播放，如图8-56、图8-57所示。

图8-56 步骤(2)-1

图8-57 步骤(2)-2

(3) 再次在Hierarchy创建一个空对象,命名为"GameController",同时在Assets中创建一个C#脚本,命名为"QieHuan",如图8-58、图8-59所示。

(4) 双击C#脚本,打开VS编写交互脚本,具体内容如下,保存后关闭VS,如图8-60、图8-61所示。

图8-58 步骤(3)-1

图8-59 步骤(3)-2

```
using System.Collections;
using System.Collections.Generic;
using UnityEngine;
public class QieHuan : MonoBehaviour
{
    public Material m1, m2, m3;                    //定义三个材质
    public AudioSource a1, a2, a3;                 //定义三个音频源
    // Start is called before the first frame update
    void Start()
    { }
```

```
// Update is called once per frame
void Update()
{
    if(Input.GetKeyDown(KeyCode.Alpha1))        // 按下键盘的【1】键
    {
        RenderSettings.skybox = m1;             // 天空盒切换为 m1
        a1.Play();                              // 播放 a1 的音频
        a2.Stop();                              // 关闭 a2 的音频
        a3.Stop();                              // 关闭 a2 的音频
    }
```

图8-60　步骤（4）-1

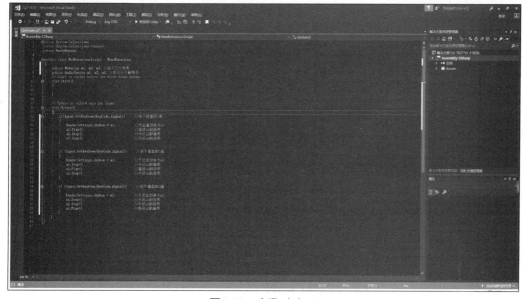

图8-61　步骤（4）-2

（5）将编写好的C#脚本添加给之前创建好的"GameController"空对象，分别将三个制作好的材质球与"AudioGroups"中的三个音频对象加载入"GameController"中对应的变量中，如图8-62、图8-63所示。

图8-62　步骤（5）-1

图8-63　步骤（5）-2

（6）导入Unity官方网站下载的游戏交互标准资源包，为场景添加自由镜头组件"FreeLookCameraRig"，同时删除原有的"Main Camera"，让使用者可以通过鼠标控制来查看全景图像，如图8-64、图8-65所示。

图8-64 步骤（6）-1

图8-65 步骤（6）-2

（7）在Unity中单击"运行"按钮，进行脚本测试，检查全景图像切换与音乐切换是否存在问题，如图8-66所示。

图8-66　脚本测试

> 思政元素：本小节体现了马克思主义中事物的普遍联系和发展的基本原理。

小　结

本章以一个典型的全景开发案例，对全景应用开发进行了简单探讨。在全景案例开发中，开发人员需要掌握多方面的知识与技能，包括全景拍摄技术、全景图像拼合、全景图像处理、Unity全景搭景、Unity全景交互，Unity全景应用输出等。

习　题

1. 利用全景相机拍摄一组全景图像并进行全景图像处理。
2. 在Unity中导入全景图像并设置天空盒。
3. 在Unity中制作全景应用交互，如点击切换，声音切换等。

第9章 展示案例开发

学习目标：
- 了解展示案例的开发流程。
- 掌握展示案例的开发步骤。

在虚拟现实项目开发中，展示项目是比较常见的一种类型。本章以金字塔展示项目的开发为例，具体介绍了一个完整的开发流程。

9.1 方案规划

本章主要通过一个沙漠地形来讲解如何使用3ds Max软件和Unity软件来进行一个基于VR端的展示项目开发。

在Unity中可以实现PC端和VR端的展示项目开发，项目类别可以分为3D场景交互和全景VR交互。本章内容是基于VR端的3D场景交互。

第一步：建模

通过3ds Max建立模型，然后对其进行贴图设计。本章所述模型的制作是最基础的建模过程。通常情况下，在三维软件中还需要用到三维动画制作，因此本章中包含了在3ds Max中制作较为简单的动画。

第二步：场景搭建

将制作好的模型和动画及其他资源导入Unity，在Unity中搭建场景，为了丰富场景，也可以在Unity 3D引擎中使用粒子系统制作一些美术与特效设计，以使制作的场景更加美观。

第三步：交互设计

交互开发阶段时，可以加入一些基于VR端交互的功能，实现与场景中的对象进行互动。

最后进行项目的导出，这样即完成了一个沙漠展示VR项目的开发。读者在制作的过程中可以加入自己的思想创意来进行制作，使得项目更加完善。

9.2 建　　模

项目方案在确定之后，就要着手进行具体的开发过程了，3D VR项目开发的第一个步骤就是建立3D模型，本节以3ds Max为例介绍金字塔模型的制作过程。

（1）双击3ds Max 2018图标，进入3ds Max建模场景，如图9-1所示。

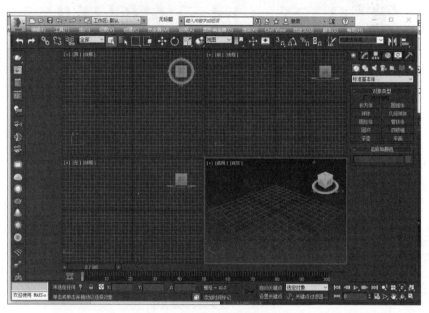

图9-1　新建场景

（2）按【Alt+W】组合键，将建模窗口切换到自由视图窗口，如图9-2所示。

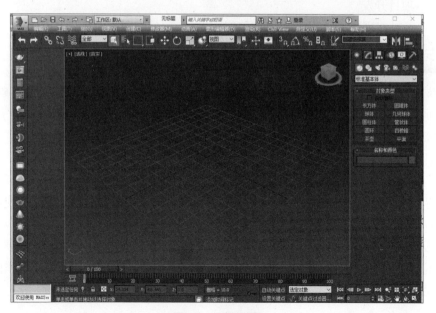

图9-2　切换视图

(3)在右侧命令面板，单击加号按钮，选择第一个按钮，单击"长方体"按钮，如图9-3所示。

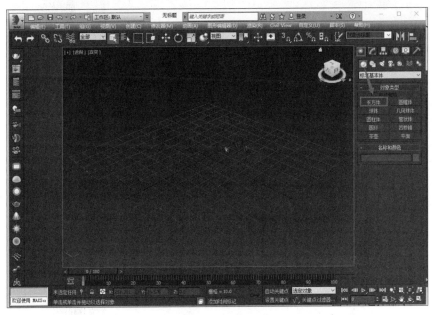

图9-3 选择命令

(4)使用快捷键【T】，切换到顶视图，在顶视图拖动绘制一个长方体，如图9-4所示。

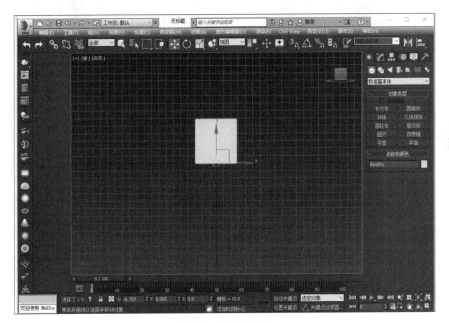

图9-4 创建长方体

(5)在控制面板调节新创建的长方体，将其底面调整为一个正方形，分别调节长、宽、高，给它们赋予一样的数值，如图9-5所示。

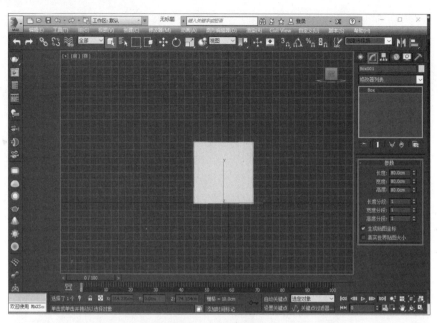

图9-5 调整参数

（6）金字塔的形状类似于一个锥形，所以需要对创建的长方体进行编辑，选中对象右击，选择"转换为>转换为可编辑多边形"命令，如图9-6所示。

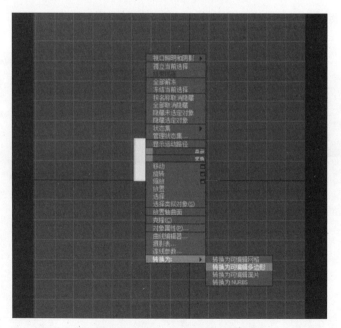

图9-6 转换为可编辑多边形

（7）在前视图选择最上面的四个点，按快捷键【T】回到顶视图；按快捷键【R】进行缩放，如图9-7所示。

（8）再次调整长方体的高度和缩放大小，完成金字塔的模型制作，如图9-8所示。

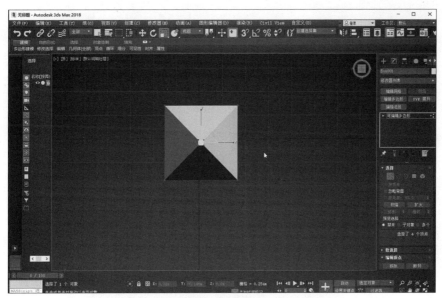

图9-7 缩放顶点

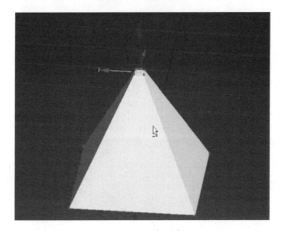

图9-8 最终形状

9.3 贴 图

模型制作完成之后,接下来的工作就是要为制作好的模型制作贴图,贴图的目的是为了让制作的模型真实还原现实世界中对象的颜色及各种特点。本节内容以制作好的金字塔模型为例,介绍在3ds Max中贴图的操作。

(1)模型检查。模型制作完成之后,需要对模型进行检查,以使其符合后期引擎中使用的要求。模型面的检查是通过模型的法线进行检查,通过法线可以观察模型是否存在正反面的问题,如果是正面,则能观察到对象的法线;如果是反面,则法线不存在。具体操作可以通过在控制面版单击"实用程序>重置变换>重置选定内容",如图9-9所示。

扫一扫

贴图

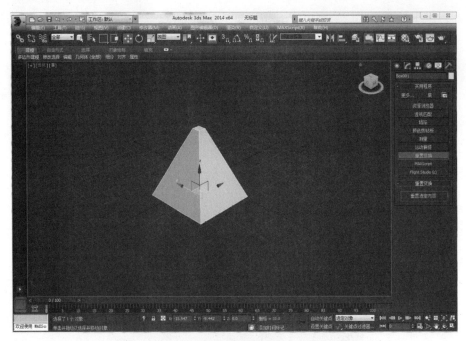

图9-9 模型法线

（2）在控制面板回到修改，在修改器列表中依次单击"编辑网格""编辑多边形""编辑法线"。按【Ctrl+A】组合键选中所有的法线，然后单击"统一"按钮，再单击"断开"按钮，如图9-10所示。

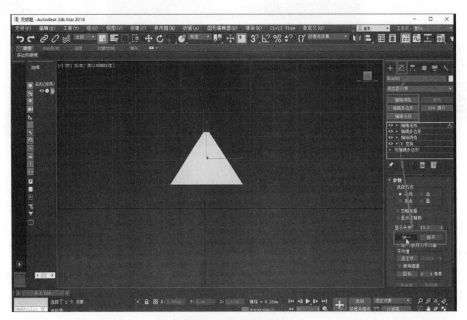

图9-10 法线的统一

（3）单击"重置"按钮，右击选择"转换为>转换为可编辑多边形"，如图9-11所示。

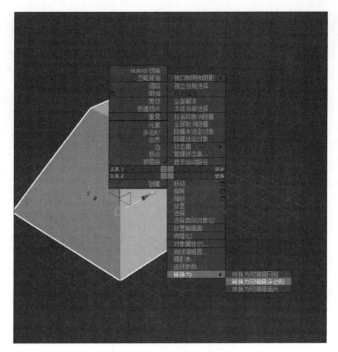

图9-11　转换为可编辑多边形

（4）选择模型，让坐标回到模型的中心。依次单击"层次""仅影响轴""居中到对象"按钮，如图9-12所示。

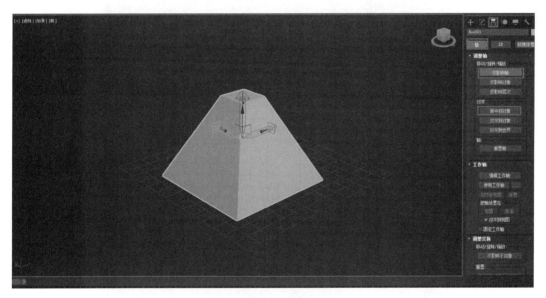

图9-12　改变模型轴中心

（5）单击"修改"标签，单击面，将模型的面全部选中，单击"清除全部"按钮，然后在右侧选择"自动平滑"，使其成为一个光滑组，如图9-13所示。

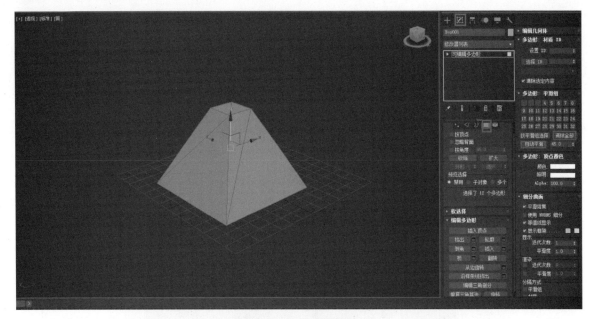

图9-13 平滑模型

(6) 右击,然后将其转换成可编辑多边形,如图9-14所示。

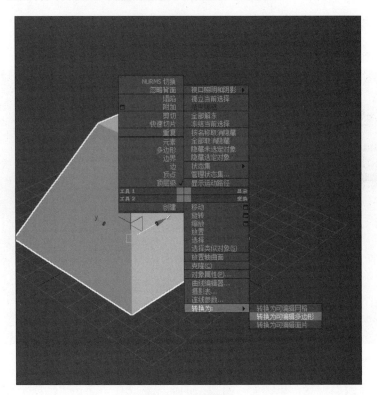

图9-14 编辑模型

(7) 将模型的UV进行拆分,单击"UV展开"按钮,选择面,按【Ctrl+A】组合键全选,再单击按X、Y展开，再全选。在展开UV时需要注意一定要保证模型的每个面都被选中，如图9-15所示。

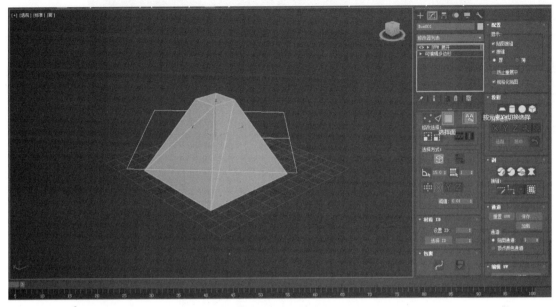

图9-15　展开UV

（8）找到投影，单击"平面贴图"按钮，如图9-16所示。

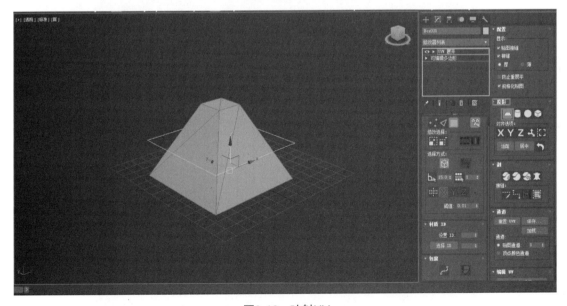

图9-16　映射UV

（9）单击"打开UV编辑器"就会弹出一个编辑UV的窗口，如图9-17所示。

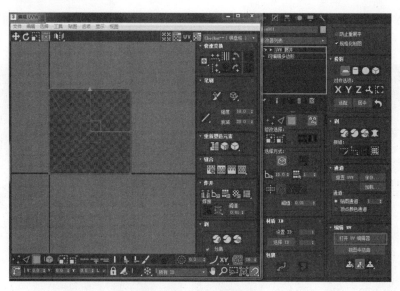

图9-17 打开UV编辑器

（10）在编辑UV的窗口里找到"展开"，点击"通过平滑组展平"按钮，进行UV的展开，如图9-18所示。

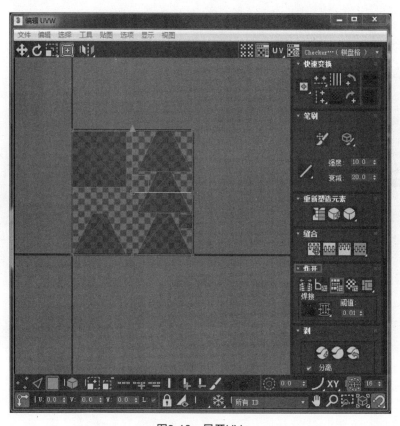

图9-18 展开UV

(11）在UV编辑窗口，选择工具菜单，单击"工具>渲染UV模板"，如图9-19所示。

图9-19　渲染UV

（12）单击"渲染"按钮，然后保存，如图9-20所示。

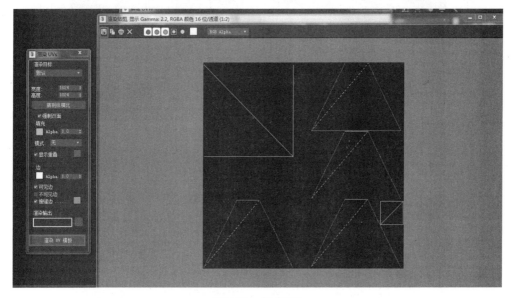

图9-20　保存UV

（13）选择图片格式为PNG，然后保存，如图9-21所示。

图9-21 选择PNG格式

(14) 右击，转换为可编辑多边形，如图9-22所示。

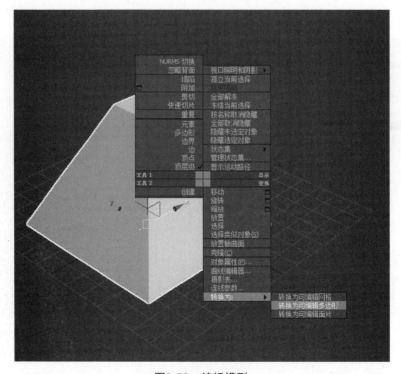

图9-22 编辑模型

(15) 打开PS，把刚刚保存的UV图片导入，再复制一个图层，如图9-23所示。

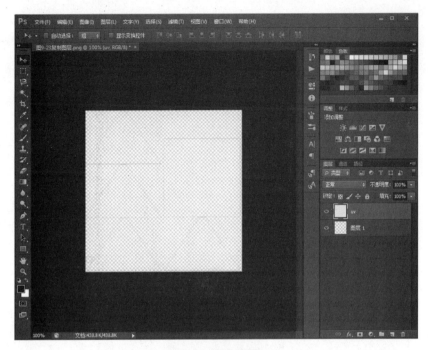

图9-23　复制图层

(16) 将背景色设置为黑色，选择最下面的图层，按【Ctrl+Delete】组合键填充背景色，如图9-24所示。

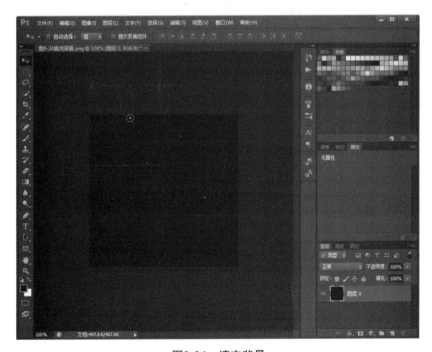

图9-24　填充背景

（17）单击上面的图层，单击矩形选框工具，点击加选绘制类似楼梯状的选区，用来制作它的法线贴图，如图9-25所示。

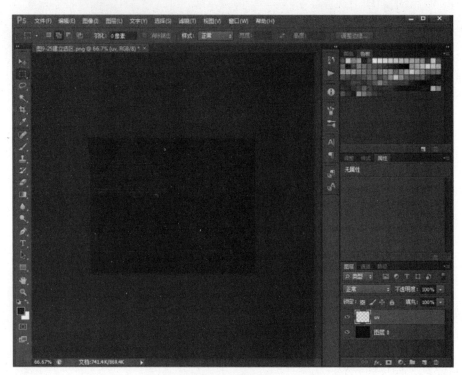

图9-25　建立选区

（18）将绘制出来的选区填充颜色，如图9-26所示。

图9-26　颜色填充

（19）金字塔的四个面都是一样的，因此可以复制几个。使用套索工具把形状选中，按【Ctrl+J】组合键，如图9-27所示。

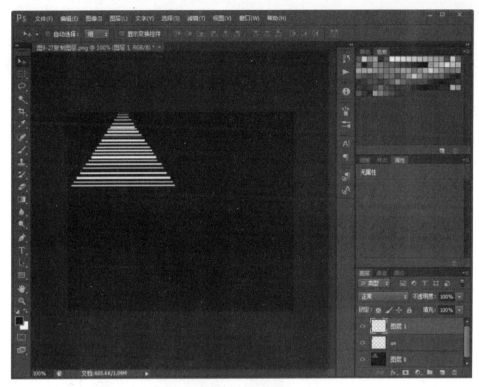

图9-27 复制图层

（20）选中复制的图层，然后按【Ctrl+T】组合键，往下移动到适合的位置，回车即可，如图9-28所示。

图9-28 编辑图层（1）

（21）同样的步骤，把剩下的两个面也制作完成，如图9-29所示。

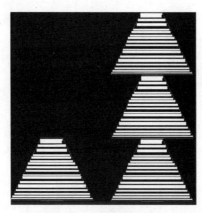

图9-29 编辑图层（2）

（22）纹理制作完成之后，按【Ctrl+E】组合键把图层合并，选中图层，单击"滤镜>3D>生成法线图"，如图9-30所示。

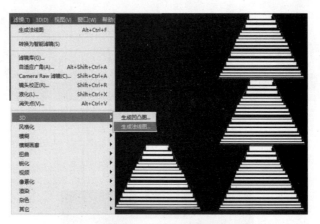

图9-30 法线贴图制作

（23）纹路的调节可以根据实际情况进行调节，调节完成之后，单击"确定"按钮，如图9-31所示。

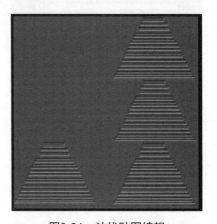

图9-31 法线贴图编辑

(24)法线贴图制作完成，另存为PNG格式，如图9-32所示。

图9-32　保存图片

(25)回到3ds Max，单击材质球，将第一个材质球赋给模型。单击"贴图"，如图9-33所示。

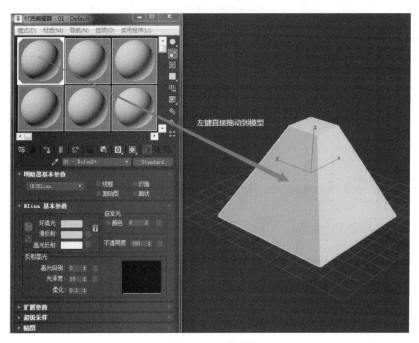

图9-33　指定材质

（26）勾选凹凸，将数值改成100，单击"无贴图""法线凹凸"，然后单击"确定"按钮，再单击"法线无贴图"→"位图"，单击"确定"按钮，如图9-34所示。找到之前制作的法线贴图并打开，如图9-35所示。

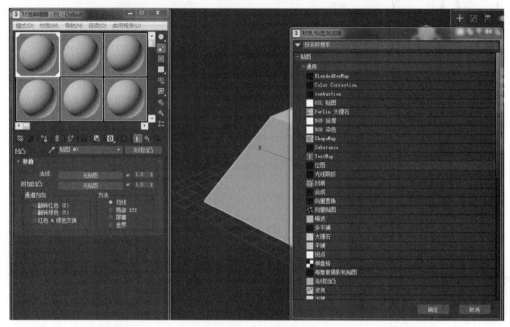

图9-34　凹凸贴图

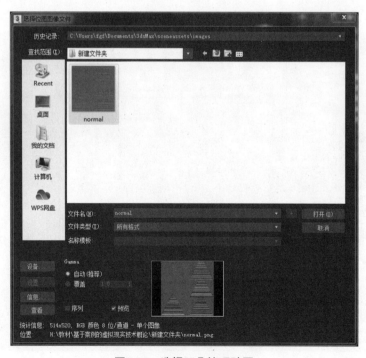

图9-35　选择凹凸纹理贴图

（27）单击两次"转到父对象"，然后按住图3-36（a）中框选的图标不动，选中第二个（在视口中显示真实材质），可以看到模型上已经有了纹理，如图9-36所示。

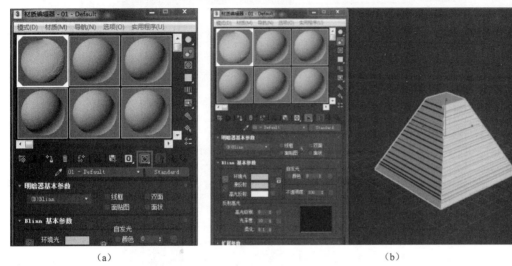

图9-36　凹凸纹理

（28）模型上色。单击材质球，勾选"漫反射颜色"，选择"位图"。找到一张沙子的图片并打开，如图9-37所示。

图9-37　颜色贴图

(b)

图9-37 颜色贴图（续）

（29）单击"转到子对象"，如图9-38所示。

（30）整个模型的贴图也完成了，也可以再调整一下贴图的数值，让模型更加逼真，如图9-39所示。

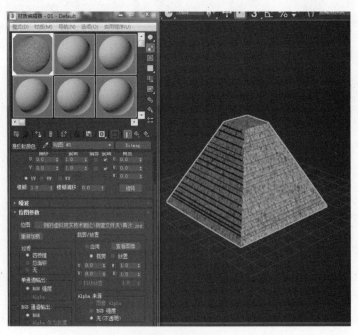

图9-38 贴图完成

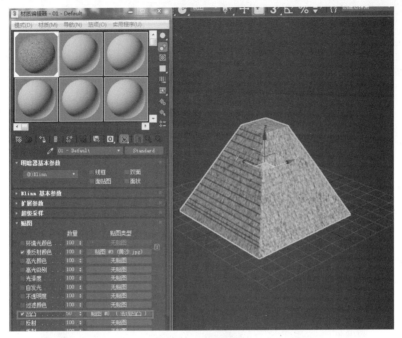

图9-39 编辑细节

9.4 动画制作

扫一扫

动画制作

制作过程中，模型的动画一般是由三维软件来制作的，在本节内容中，以小鸟的动画制作为例，介绍在3ds Max中动画的制作过程。

（1）单击视图窗口下方的"自动"按钮，当窗口和进度条的颜色变红，表示可以在3ds Max中制作对象的动画关键帧了，如图9-40所示。

图9-40 动画制作

（2）选中模型，在时间轴上拖动选框到任一帧，并沿着X、Y轴两个方向移动模型的位置，这时产生一个弧形的运动轨迹。选中模型，此时在时间轴的起始位置和选中的帧位置都会有一个红色的方块，这表示关键帧已经制作好了。也可以来回拖动选框查看关键帧动画，如图9-41所示。

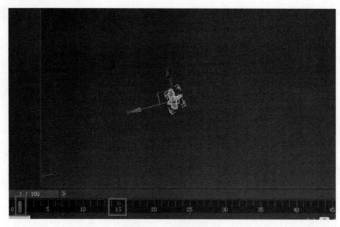

图9-41 观察动画

(3)与步骤(2)相同,再次对模型进行位置移动,如图9-42、图9-43所示。注意在移动时一定要先拖动时间轴上的选框再移动对象。

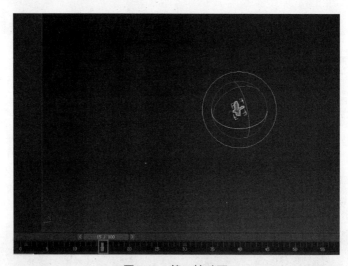

图9-42 第一帧动画

图9-43 第二帧动画

（4）在调节过程中，播放后如果发现速度过快，可以选中关键帧，此时被选中的帧红色方块会变成白色，然后向后拖动几个帧，可以将速度变缓，如图9-44所示。

（5）如果需要继续加帧，添加关键帧，按【Ctrl+Alt】组合键，然后拖动时间轴，此时小鸟的关键帧动画制作完成，如图9-45所示。

温馨提示：三维模型和动画的制作是虚拟现实应用开发技能等级考试必须掌握的技能之一，因此需要重视。

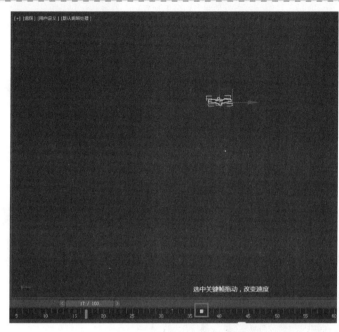

图9-44　调节关键帧时间

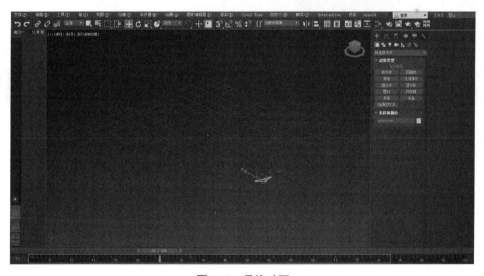

图9-45　最终动画

9.5 导入Unity

模型制作和动画制作完成之后，接下来的工作就是将制作的模型和动画在开发引擎中进行场景的搭建，本节内容以3ds Max和Unity 3D为例介绍模型和动画在三维软件的导出和开发引擎中的导入。

9.5.1 3ds Max模型导出

（1）打开项目，单击想要导出的物体，当物体周围出现光标的时候即为选中物体，如图9-46所示。

（2）单击工具栏中的"文件>导出>导出选定对象"，如图9-47所示。

（3）命名并将保存类型设置为FBX，如图9-48所示。

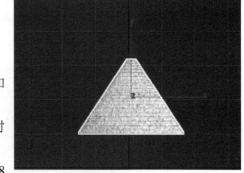

图9-46 选择模型

（4）单击"保存"按钮，弹出FBX导出设置框，在导出时，如果模型不含有动画，可以不勾选动画选项，如果包含动画，则必须勾选此项，其他具体设置如图9-49所示。

图9-47 选择导出

图9-48 保存FBX

> 注意："嵌入的媒体"复选框需要勾选上。

因为如果是物体制作时添加的贴图，勾选"嵌入的媒体"复选框，则导入Unity的时候就会自动把贴图导入进去。

单击"确定"按钮导出物体，导出完金字塔之后导出第二个鸟的模型及动画，如图9-50所示。

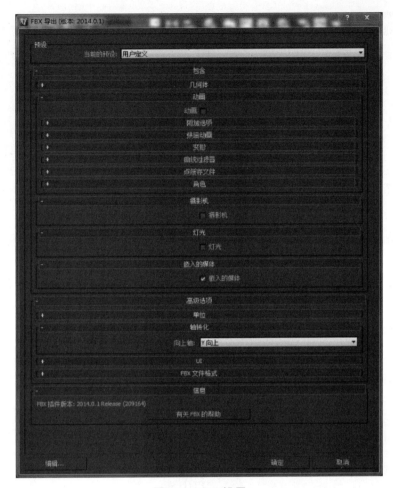

图9-49　FBX设置

但是需要注意是鸟的模型是包含有动画的，所以需要勾选"动画"复选框，如图9-51所示。

图9-50　导出动画

图9-51　勾选动画

然后勾选"烘焙动画"复选框，因为鸟的模型的动画是从第0帧到第100帧的，所以我们是从0开始，到100结束。选中物体后，最下面一栏会显示物体当前动画的帧数，如图9-52所示。

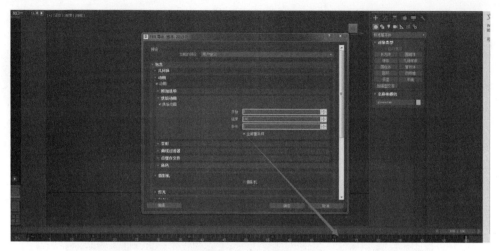

图9-52 烘焙动画

9.5.2 Unity 3D导入模型

1. 模型的导入和检查

打开Unity 3D软件，打开保存模型的文件夹，选中导出的模型bird.fbx和jinzita.fbx两个文件，按住鼠标左键，拖入Unity 3D开发引擎中，如图9-53所示。

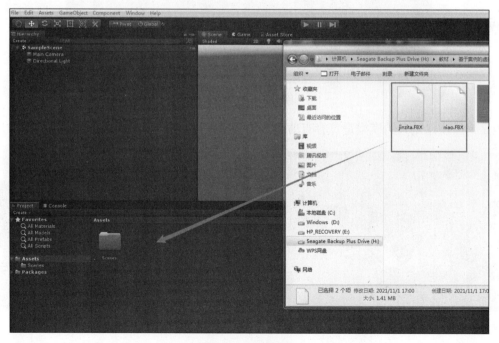

图9-53 导入文件

模型导入之后，可以将模型的贴图进行同样的导入，同时将贴图赋予模型，如图9-54所示。

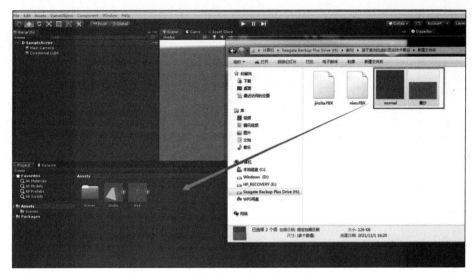

图9-54 导入贴图

此时可以看到金字塔侧面的纹理不可见,这是由于模型的法线贴图丢失造成的。解决的办法是在Project面板右击,选择"Create>Material"命令,创建一个新的材质球,如图9-55所示。

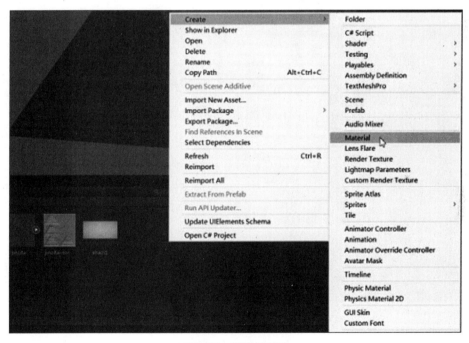

图9-55 创建材质球

单击材质球,在Inspector面板将法线贴图拖给材质球的Normal Map,再将原贴图贴入Albedo中,如图9-56所示。最后按住鼠标左键拖到金字塔物体上,即可将材质球赋予到金字塔模型,如图9-57所示。

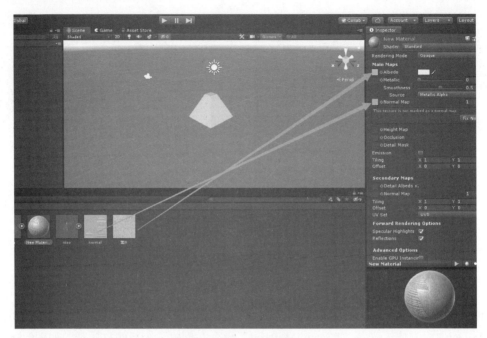

图9-56 添加贴图

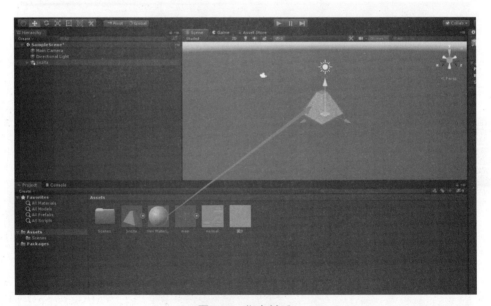

图9-57 指定材质

在将贴图贴好之后,可以选中物体,在Inspector面板上显示物体的属性。这时可以在属性面板中调整物体的亮度和法线贴图的强度,直到满意为止,模型的导入就此完成,如图9-58所示。

2. 动画使用

首先创建一个材质球,与制作金字塔贴图一样先把鸟的贴图赋好。将鸟的模型拖入场景中,在Inspector面板将它的位置归零,如图9-59所示。

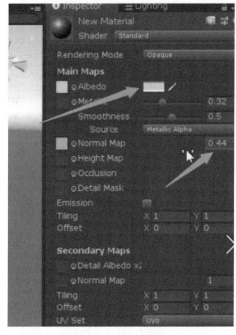

图9-58 编辑贴图

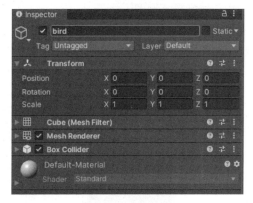

图9-59 位置归零

在Project面板中单击bird后面的小三角，会出现bird自带的其他组件，其中Take001是bird的动画脚本，如图9-60所示。

在Hierarchy面板选择bird，将Take001拖入Inspector面板中，然后运行，可以看到场景中的小鸟可以运动了，如图9-61所示。

图9-60 动画脚本

图9-61 添加动画组件

9.6 场景搭建

9.6.1 地形的绘制

扫一扫

场景搭建

1. 创建地形

在Hierarchy面板空白处右击,在弹出的快捷菜单中选择"3D Object Terrain"命令,创建一个地形,如图9-62所示。

创建完成后利用画笔工具来绘制沙漠的地形,绘制时可以根据情况调节笔刷的大小和强度,如图9-63所示。

沙漠的地形一般而言是比较低矮和平缓的,因此需要在笔刷的属性栏中改变它的高度和强度,如图9-64所示。

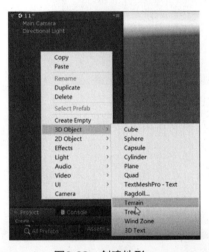

图9-62 创建地形

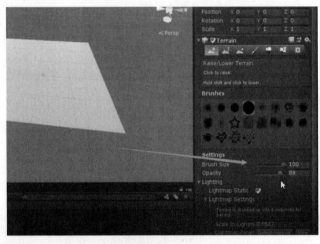

图9-63 绘制地形

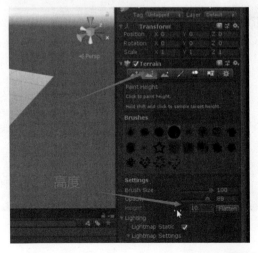

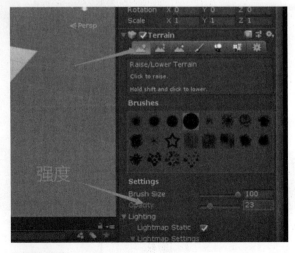

图9-64 画笔的调节

笔刷设置完成后就可以在新建的地形上进行沙漠的绘制。绘制时可以一边绘制一边按住【Alt】键加上鼠标左键，移动场景进行场景的查看，随时进行修改，例如绘制时如果绘制的地面较高可以按住【Ctrl】键单击，地形就会下凹，回到原始位置。

2．地形的编辑

地形绘制结束后，会发现绘制的地形比较陡峭，不符合现实世界看到的情形。画笔工具中的光滑工具可以对地形进行光滑处理，参数设置如图9-65所示，根据绘制的地形状态进行设置。

沙漠的地形全部都是比较光滑的黄沙，绘制时选择光滑的画笔来对地形进行处理，会比较接近现实。

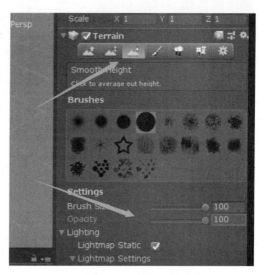

图9-65　光滑地形

9.6.2　贴图

地形调整之后需要对沙漠制作贴图，使其与现实中的沙漠相一致，单击"画笔>Edit Textures"，在弹出的对话框中单击左侧框中的"Select"按钮，对话框会弹出场景中所有的贴图，依次选择需要的贴图，并根据情况调节图片的尺寸。最后单击"Add"按钮完成纹理的添加，如图9-66所示。

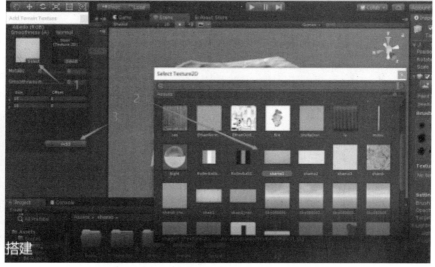

图9-66　添加画笔纹理

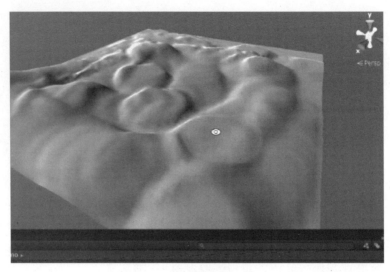

图9-66　添加画笔纹理（续）

9.6.3　添加植被

当沙漠地形基本制作完成后，为了使场景更为丰富，可以视情况在场景中添加一些沙漠中的植被。选择画笔工具中的第五个状态，单击"Edit Textures"，弹出对话框后单击第一栏"Tree Prefab"后面的设置圆圈，弹出模型窗口，选择要添加的模型，单击"Add"按钮应用到画笔，具体步骤如图9-67所示。

图9-67　批量添加树木

设置完成之后就可以在制作的地形上直接绘制，完成树木的栽种，但是如果直接单击场景中的地形，无法做到均匀分布，因此使用Unity 3D中的自动平铺来种植，在属性面板中选择需要添加的模型，单击"Mass Place Trees"按钮，如图9-68所示。

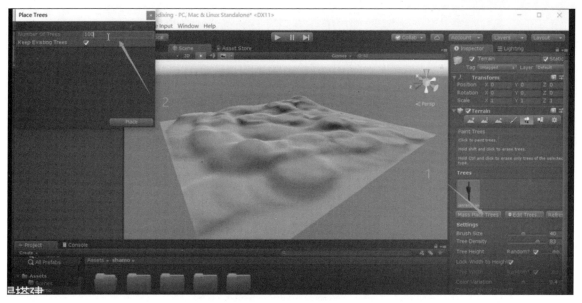

图9-68 均匀分布树木

在弹出的对话框中的"Number of Trees"文本框中将数值设置为100,此数值代表在地形上种植树木的数量,输入后单击"Place"按钮,软件会自动在创建地形中平铺这些植被。此时需要注意的是,这个数值的设置不宜过大,否则计算机资源被大量占用,造成引擎软件场景过为复杂,从而使场景变得卡顿,如图9-69所示。

图9-69 画笔调节

9.6.4 添加天空盒

在Lighting面板,单击第一行中的"Skybox Material",在弹出的对话框中,选择需要的天空盒材质,场景中的天空便更换了材质球,如图9-70所示。

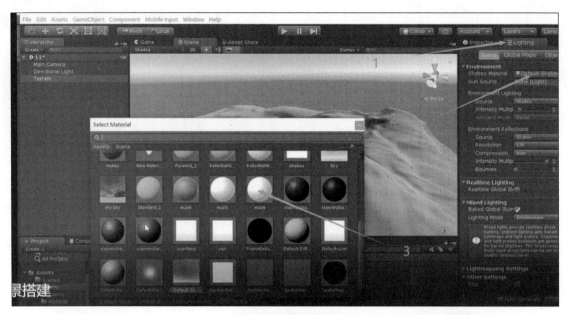

图9-70 更换材质

9.6.5 添加模型

在Project面板找到之前制作的金字塔模型,选中之后直接将其拖入场景之中并调整位置,如图9-71所示。

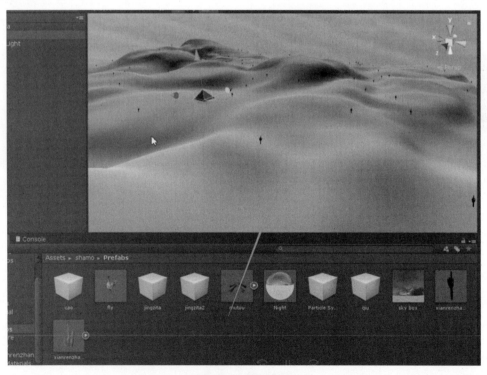

图9-71 添加模型

9.7　美术与特效设计

上一节对场景中的对象配置基本完成,但是为了使场景更富有生活气息,还可以在制作一些其他的美术效果,本节以制作火焰为例,介绍在Unity 3D中粒子系统的相关知识。

扫一扫

美术与特效设计

9.7.1　添加粒子

在场景中添加一个柴堆,把柴火模型拖入场景,放到一个合适的位置。在柴火模型的上面使用粒子系统制作一个火焰。

在Hierarchy面板右击,选择"Effects>Particle System"命令,创建一个粒子系统。将粒子系统拖到柴堆上,对准柴堆放在上面,如图9-72所示。

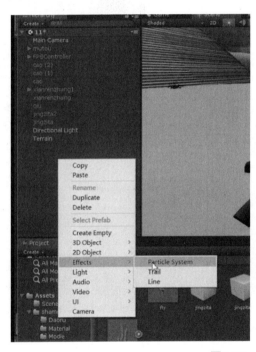

图9-72　添加粒子

9.7.2　粒子贴图

创建一个材质球,右击,选择"Create>Material"命令,如图9-73所示。

创建后修改材质球的模式,单击选中材质球,在Inspector属性面板中单击"Standard>Particles>Additive",如图9-74所示。

修改后将粒子的贴图修改成火焰的纹理,需要注意的是贴图一定是带alpha通道的图片,如PNG或者TGA等格式,否则不包含透明通道的纹理,粒子就会变为一张一张的图片。将贴图材质球赋予粒子后,火焰已经出现,但是需要进行进一步的调整,如图9-75所示。

图9-73 粒子贴图

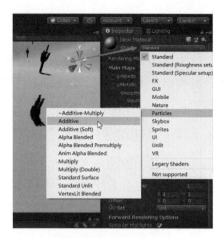
图9-74 修改属性

图9-75 带alpha通道的贴图

9.7.3 调整粒子参数

在Hierarchy面板单击粒子，在Inspector属性面板修改粒子，调整参数"Start Size"改变大小，将其设置为1.99，如图9-76所示。

图9-76 修改粒子大小

观察粒子发现，粒子的分散速度较快，在Inspector属性面板中选中"Emission"，修改"Rate over Time"后面的数值，调整粒子的分散速度，如图9-77所示。

调整粒子的生命周期和开始的速度，目的是为了让粒子尽量聚集在一起，修改"Start Lifetime"和"Start Speed"的数值，如图9-78所示。

图9-77 调整分散度

图9-78 调整粒子生命周期

现实中火堆一般都是由小到大的类似于花束一样形状，所以需要对制作的形状做进一步的修改，在Inspector属性面板中选中"Shape"，修改"Angle"和"Radius"中的数值，调整后得到比较符合火堆发散的火焰形状，如图9-79所示。

图9-79 调整火焰形状

火堆亮度的调整。在Inspector面板勾选"Size over Lifetime"复选框，单击"Size"，调整曲线，由小到大，调整为一条弧线，如图9-80所示。

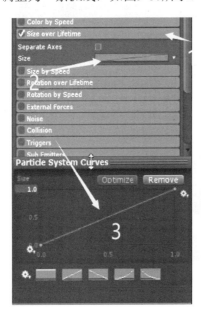
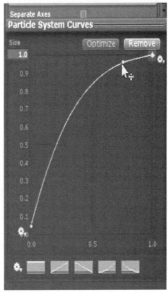

图9-80 调整火焰亮度

9.7.4 粒子颜色修改

修改火焰的颜色，如图9-81所示，在Inspector属性面板中勾选"Color over Lifetime"复选框，单击"Color"会弹出对话框。

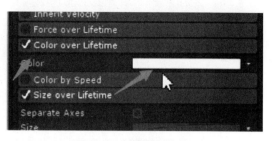

图9-81 调整粒子颜色

现实中的火焰在燃烧时，燃烧过程是开始时最亮，到逐渐变暗，直到成为黑色的烟然后消失。因此在调整时可以将火焰最后改成透明的，让其达到慢慢消失不见的效果。颜色稍微暗一些，单击下面的标签，弹出颜色选择对话框，选择微暗的颜色，如图9-82所示。

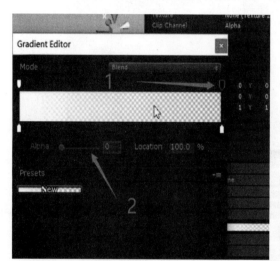

图9-82 修改颜色

最终效果如图9-83所示。

图9-83 火焰

温馨提示：在使用粒子系统制作如火焰、水、云等特效时应该根据现实中实际物体的样貌进行制作，要与现实世界中的事物一致，忠实还原现实世界中的事物。

9.8 交互开发

扫一扫

交互开发

场景基本搭建完成后，本节简单介绍在Unity中实现交互开发的基本方法。

首先导入三个外部资源，分别是SteamVR.Unity、PlayMaker 和SteamVR PlayMaker，这三个插件导入的顺序不能有错，如图9-84所示。

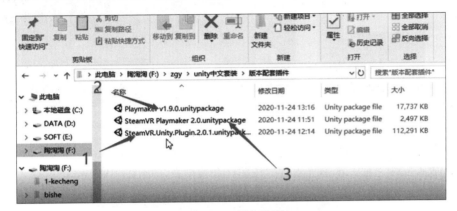

图9-84 导入资源

导入完成后回到场景，在搜索栏输入play，找到Player，将其拖入场景中。同样的方法找到Teleporting，并将其拖入场景，如图9-85所示。

图9-85 添加对象

在Hierarchy面板空白处右击，选择"3D Object>Plane"命令，创建一个Plane，如图9-86所示。将Plane放大，使其与地形重合。

以上导入的资源和创建的Plane主要为了实现头盔里面瞬间移动的操作，沙漠是凹凸不平的，所以添加另外一个对象Teleportpoin，将其拖入场景中，如图9-87所示。

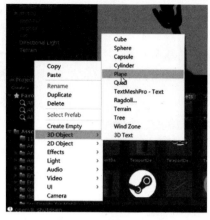
图9-86 创建Plane

图9-87 添加对象

在场景中添加四个Teleportpoin，将其摆成四边形。添加Teleportpoin的目的是为了确定瞬间移动的范围。放置完成之后，单击"运行"按钮，观察效果，如图9-88所示。

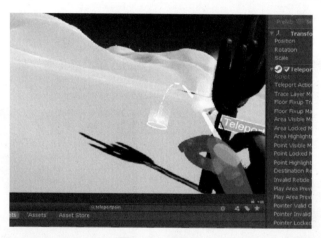
图9-88 试运行

小 结

本章以虚拟现实展示项目——金字塔展示为例，具体介绍了一个虚拟现实项目的开发流程。从项目内容的确定，到三维模型的制作和贴图，以及三维模型动画的制作，最后在虚拟引擎中完成开发的过程。不论项目开发的过程复杂程度如何，基本的流程都是一样的。

习 题

1. 利用常见的三维软件制作一个模型，并对其进行贴图。
2. 在三维软件中制作完成一个小球动画。
3. 在Unity 3D中利用粒子特效制作火焰效果。

第 10 章 交互案例开发

学习目标：
- 了解交互功能在虚拟现实项目中的意义。
- 熟悉虚拟现实项目开发流程。
- 掌握交互功能实现原理。

在第1章中，我们介绍了交互性是虚拟现实技术的重要特性，体现了用户对模拟环境内物体的可操作程度和从环境得到反馈的自然程度、虚拟场景中对象依据物理学定律运动的程度等。简单来说，交互性是用户通过相应的技术实现和虚拟环境间的交互作用。它是人机和谐的关键性因素。用户进入虚拟环境后，通过多种传感器与多维化信息的环境发生交互作用，用户可以进行必要的操作，虚拟环境中做出的相应响应，亦与真实的一样。例如，用户可以用手去直接抓取模拟环境中虚拟的物体，这时手有握着东西的感觉，并可以感觉物体的重量，视野中被抓的物体也能立刻随着手的移动而移动。

以上所说的交互行为属于高度仿真的交互行为，其实现的技术难度较高，所依托的硬件环境也更为复杂，不在本案例讨论的范围之内。目前，市面上常用的虚拟现实交互硬件设备有HTC VIVE、微软的HoloLens以及三星GearVR。以上三种交互设备均是通过手柄或触摸盘向虚拟世界发出指令，并得到响应，实现交互功能。

本案例将使用HTC VIVE作为虚拟现实案例的终端设备，进行完整的交互案例开发，带领读者熟悉虚拟现实项目开发的完整流程，掌握交互功能实现的原理，快速入门虚拟现实开发。

10.1 方案规划

10.1.1 虚拟现实项目开发流程

1. 明确需求

在商业项目开发之前，明确需求是最为重要的环节。明确需求是指与客户进行充分的沟

扫一扫

方案策划

通，了解客户定制项目的目的，确定自己的理解与客户要求之间没有偏差。

在需求不明确的情况下盲目开始项目开发，最终的项目功能与实际要求不符，造成设计和人力资源的浪费，拖延项目进度。

2．编写脚本

编写脚本环节包含两个部分，第一是功能设计，第二是脚本编写。

功能设计是在客户需求的基础上，罗列出项目所需具备的功能。将这些功能进行统筹规划，明确所需的资源，合并相同或相似的功能，搭建功能框架。使得整个项目逻辑清晰，有助于后期工作开展变得条理清晰。

功能框架搭建完成之后，需要编写详细脚本。脚本又可称之为分镜脚本，描述所需实现的具体功能，相互关系等。后期开发以脚本为依据，做到标准统一、有据可循。

3．资源设计

资源设计环节分成两个部分，第一是三维模型设计，第二是项目UI设计。

由于是虚拟现实项目，三维模型设计是资源设计中的主要部分。三维模型设计的主要流程是"建模→贴图制作→动画制作"。三维模型资源是虚拟现实项目中所呈现的主要资源。

UI界面是虚拟现实软件和用户之间的沟通桥梁，良好的界面风格有利于提升用户沉浸感。

4．场景搭建

在三维模型资源和UI资源制作完成后，就可以将相应的资源导入虚拟现实开发引擎中进行场景搭建，创建出想象中的虚拟场景。模型位置正确摆放后需要设置Unity中的天空盒和灯光，进行一定的美术优化，提升虚拟场景效果。

5．交互开发

交互性是虚拟现实项目的重要特性。交互开发则是虚拟现实项目开发过程中的重要环节。不同的虚拟现实引擎所支持的交互开发脚本语言不同。主流引擎中Unity支持C#，而UE4则支持C++。

交互开发是指运用开发引擎所支持的开发语言编写脚本，实现用户与虚拟场景中对象之间的交互功能。在虚拟现实交互开发中，开发引擎都会提供功能丰富的API，为开发提供便利。

6．测试优化

虚拟现实项目开发完成之后需要导出，在终端上测试，进行实际体验。在体验过程中寻找项目中存在的问题，并解决问题、优化项目、降低耦合，保证项目顺利体验。

10.1.2 虚拟现实项目方案设计

本项目前期在3ds Max中创建一个时钟模型，并给时钟模型添加贴图与动画。将制作好的模型和动画导入Unity中，进行场景搭建和美术效果制作，营造写实的虚拟环境，最后对场景中的对象进行交互开发，添加相应插件或自行编写功能代码，实现所需的交互功能。

本案例旨在帮助读者了解虚拟现实项目开发流程，并能够根据案例步骤，开发简单的虚拟现实项目，做到快速入门。

10.2 建　　模

（1）3ds Max建模。建模工作中，目前常用的建模软件有3ds Max和Maya。本案例使用3ds Max进行模型创建。案例中，需要使用时钟模型。

（2）模型创建。打开3ds Max 2014软件，选择"自定义>单位设置"命令，在"单位设置"对话框中进行项目单位设置，如图10-1所示，将公制设置为米。单击"系统单位设置"按钮，在弹出的对话框中，将1单位设置为1厘米，如图10-2所示。

扫一扫

建模

图10-1　"单位设置"对话框

图10-2　系统单位设置

（3）选择前视图，按【Alt+W】组合键，将前视图放大。在创建面板中选择圆柱体，在前视图中绘制一个半径为0.5 m的圆柱体作为时钟的主体。调整面板的参数，如图10-3所示。此时，得到一个偏平的圆柱体模型。

（4）选中圆柱体模型，右击，将圆柱体转换为可编辑多边形。

（5）选择可编辑多边形中的边层级，选中圆柱体侧边的任意一条边线，选择卷展栏中的"环形"命令，如图10-4所示，可快速选中侧边面上所有的边。

图10-3　圆柱体参数

图10-4　"环形"命令

（6）保持侧边面上的边处于选中状态，右击，选择"转换到面"命令，如图10-5所示，可快速选中侧边面上所有的面。

（7）对圆柱体侧边面上所有的面进行倒角，制作出时钟的边缘效果。保持所有侧边面上面处于选中状态，选择"倒角"命令，选择以局部法线模式进行倒角，倒角数值如图10-6所示。

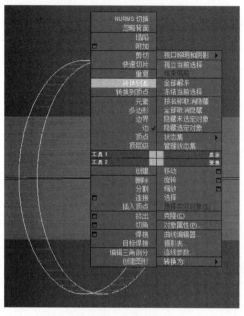
图10-5　转换到面

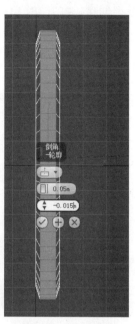
图10-6　倒角设置

（8）回到正面视角，将时钟的正面圆形面进行拆分。制作表盘凹陷的效果。按住【Shift】键，拖动表盘多边形，弹出"克隆部分网格"对话框，如图10-7所示。

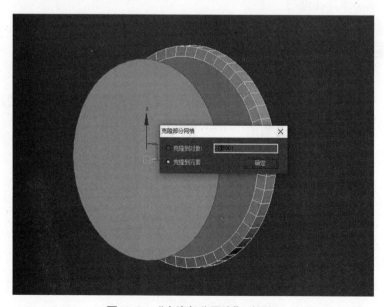
图10-7　"克隆部分网络"对话框

(9) 选择"克隆到元素"单选按钮，删除原先的表盘多边形，并且选择对象，右击，调整对象属性，设置为"背面消隐"，如图10-8所示。

(10) 选择单独分离出的元素，选择"插入"命令，向内插入一个形状相同的圆形。再次使用"插入"命令，向内插入一个圆形。保持最内侧圆形的选中状态，右击，选择"塌陷"命令，将圆形转换为中心的圆点。效果如图10-9所示。

图10-8　背面消隐

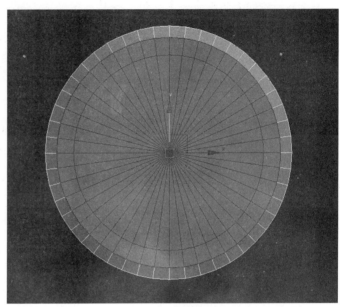

图10-9　塌陷效果

(11) 选择中心的圆点，调整视角，向后侧移动，制作时钟凹陷的效果，如图10-10所示。

(12) 朝时钟方向整体移动元素，开启"捕捉"命令，与时钟的圆柱体进行合并。效果如图10-11所示。

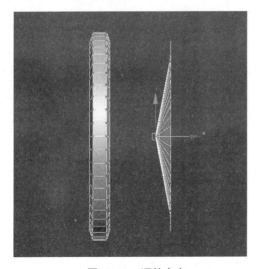

图10-10　调整定点

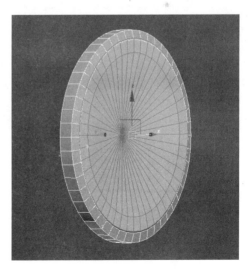

图10-11　合并

（13）选择前视角，在中心位置再次绘制一个圆柱体，打开修改面板，调整圆柱体大小，设置半径为0.015 m，高度为0.02 m，作为指针的旋转固定装置。

（14）选择圆柱体，将其转换为可编辑多边形，选择上方的横截面，进行两次倒角处理，获得图10-12所示模型效果。

（15）选择前视角，在模型的中心位置绘制一个长方体。调整长方体的大小和位置，并与上一步绘制的旋转中心保持对齐效果。将长方体转换为可编辑多边形。效果如图10-13所示。

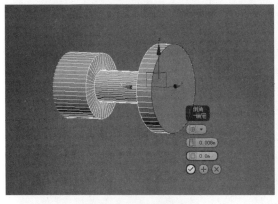

图10-12　制作旋转中心　　　　　　　　图10-13　添加长方体

（16）对长方体上边面进行挤出处理，挤出长度为0.05 m，挤出之后，选择所挤出的面，对X轴方向进行缩放，效果如图10-14所示。

（17）再次使用同样的方法，绘制时针的模型效果。整体效果如图10-15所示。

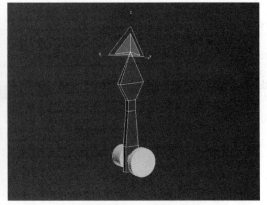

图10-14　制作时针（1）　　　　　　　　图10-15　制作时针（2）

（18）通过调整顶点位置，调整时针模型的大小，使得时针大小和表盘大小对比合适即可。最终调整效果如图10-16所示。

（19）将时针复制一个，对复制后的模型顶点位置进行调整，获得分针模型。分针模型相对于时针模型要更加修长。效果如图10-17所示。

图10-16 制作时针

图10-17 制作分针

（20）再绘制长度为0.5 m，宽度为0.01 m，高度为0.07 m的长方体，将其转换为可编辑多边形，将一边的边面进行等比例缩放，制作秒针效果。效果如图10-18所示。

（21）三根指针模型创建完成之后，需要调整指针模型的旋转中心。分别选择三根针，选择层次面板，单击"仅影响轴"按钮，弹出旋转中心。开启"捕捉"命令，将中心位置调整至旋转中心，效果如图10-19所示。

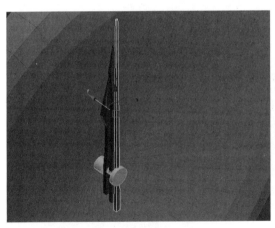
图10-18 制作秒针

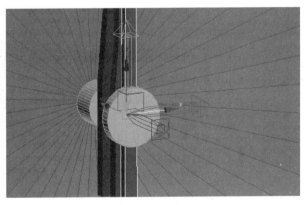
图10-19 调整中心

（22）创建一个长宽高分别为0.05 m、0.02 m、0.01 m的长方体，调整位置，将其移动到12点的位置处。将其旋转中心同样设置到指针的旋转中心处，如图10-20所示。

（23）表盘中共有12个时间点，所以将12点的长方体旋转复制11个即可获得表盘中的时间点。右击长方体，选择"角度捕捉"命令，设置角度捕捉大小为30度，选择"旋转"命令，按住【Shift】键进行旋转复制，复制个数设置为11，得到效果如图10-21所示。

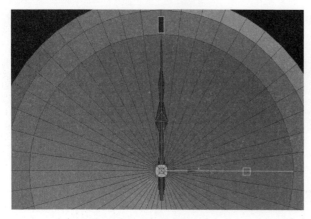
图10-20　添加钟点（1）

图10-21　添加钟点（2）

（24）此时，已经通过3ds Max完成模型建模。建模是较为细致的工作流程，在制作过程中，应当发挥工匠精神，对模型制作的大小、位置等属性参数做到一丝不苟，对模型质量做到精益求精。对于大型虚拟场景中的多个模型制作，事先应当统一单位、采集准确数据，保证所建模型具有高度还原性。

10.3　贴　　图

在上一节中，我们完成了模型的制作，本节，我们需要为模型穿上外衣，即完成模型贴图。

首先来介绍一下"UVW贴图"。"UVW 贴图"修改器控制在对象曲面上如何显示贴图材质和程序材质。贴图坐标指定如何将位图投影到对象上。UVW 坐标系与 XYZ 坐标系相似。位图的 U 和 V 轴对应于 X 和 Y 轴。对应于 Z 轴的 W 轴一般仅用于程序贴图。可在"材质编辑器"中将位图坐标系切换到 VW 或 WU，在这些情况下，位图被旋转和投影，以使其与该曲面垂直。

UVW展开的原理是在3ds Max中使用UVW修改器，将模型的表面按照连接关系进行展平，然后渲染UVW模板导出。将导出的UVW模板导入PS中，为其绘制贴图。将绘制好的贴图作为模型材质球的贴图，再次赋给模型即可。

（1）为模型添加UVW展开修改器。选中时钟模型表盘，为模型对象添加UVW展开修改器，如图10-22所示。

（2）在UVW展开修改器中的编辑UVW卷展栏中选择UV编辑器，此时模型的面堆叠在打开的UV编辑器中，如图10-23所示。

图10-22　添加UVW展开修改器

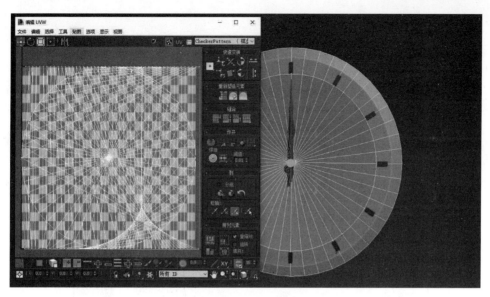

图10-23　UV编辑器

（3）在模型视口中，选择靠近圆形的某个多边形，单击修改器面板中的选择卷展栏的扩大选择，连续单击两次，即可获取表盘所在的多边形。在UV编辑器中针对选中的多边形，选择"工具>展平贴图"命令，将贴图展平，效果如图10-24所示。

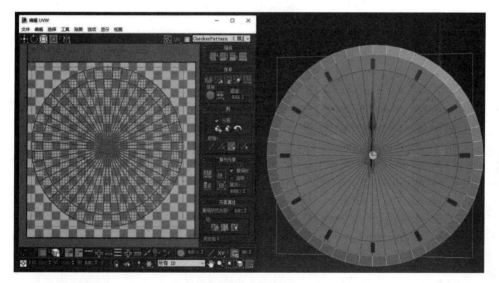

图10-24　展平UV

（4）在UV编辑器中将所选择的多边形进行编组，并且放置到一旁，方便后续操作。将UV编辑器中剩下的多边形全部选中，再次执行"展平贴图"命令。贴图展平效果如图10-25所示。

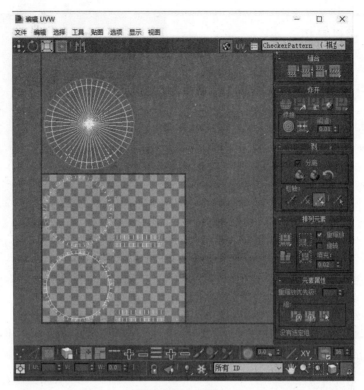

图10-25　UV整理

（5）对连续的贴图位置进行调整，选择"工具>渲染UVW模板"，将所渲染的UVW模板进行保存，导入PS中进行贴图绘制，如图10-26所示。

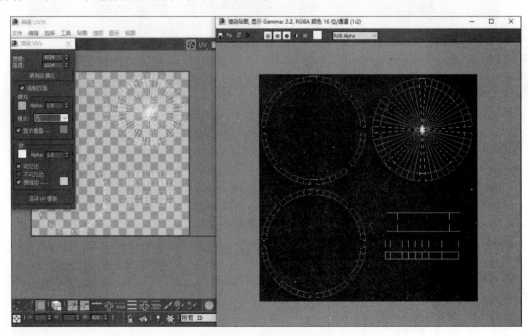

图10-26　导出UVW模板

(6）将素材"texture"导入PS中，作为表盘的贴图。依据所导出的UV模板，绘制所需的UV贴图，如图10-27所示。绘制完成后将贴图中的模板图层进行隐藏，并将其他图层进行合并，导出为JPG或者PNG格式。

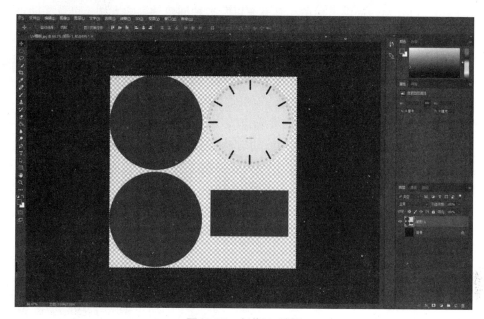

图10-27 制作UV贴图

（7）回到3ds Max中，为表盘模型对象添加材质球，并将材质球命名为clock。为材质球漫反射添加位图类型贴图，并选择刚刚导出的贴图作为漫反射贴图。当贴图贴上之后，继续打开UV编辑器，调整表盘圆形的旋转方向，使得贴图的方向正好与表盘中的时间点位置对齐即可，如图10-28所示。

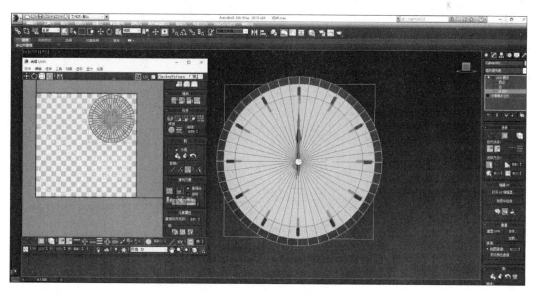

图10-28 添加贴图，调整UV

10.4 动　　画

在上一节中，已经制作好了时钟模型的贴图，接下来，需要给模型添加动画，方便后期使用。3ds Max提供了模型动画系统以及多种创建动画的方法，可以帮助设计者快速创建合适的动画。常见的动画类型有属性动画、轨迹视图动画、修改器动画、摄影机动画和灯光动画。动画的创建原理是在动画时间轴上创建关键帧，在关键帧处编辑模型属性状态等，系统会自动在关键帧之间生成过度帧，当时间滑块在关键帧之间移动时，便形成动画效果。本节将通过对时钟指针进行动画制作来了解3ds Max动画制作的流程。

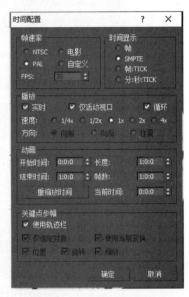

（1）打开时钟模型。在创建动画之前需要对动画面板中的时间配置进行设置。单击"时间配置"按钮，弹出"时间配置"对话框，如图10-29所示。将帧速率设置为PAL，时间显示设置为SMPTE，将结束时间设置为1 min，此时时间轴的长度变为1 min。

（2）选中需要创建动画的对象，首先选中秒针进行动画创建。将时间滑块拖动到0 s位置后，单击动画面板上的"自动关键点"按钮，此时，时间线显示为红色，代表可以进行关键帧编辑。

图10-29　"时间配置"对话框

（3）此时0 s位置处会自动记录一帧关键帧，将时间滑块拖动到1 s位置处，旋转秒针指针，绕Y轴方向顺时针旋转360°。此时，在1 s位置处会自动记录一帧关键帧。

（4）关闭"自动关键点"按钮，时间线上红色显示状态消失，秒针动画制作完成，单击动画面板中"播放动画"按钮，即可观看动画效果，如图10-30所示。

图10-30　动画时间轴

（5）在真实世界中，1 min不只是秒针在转动，分针也会转动，为了模拟真实效果，接下来需要对分钟进行动画创建。右击"角度捕捉切换"按钮，在弹出的捕捉设置中将角度设置为6°，因为1 h有60 min，所以每分钟分针会转动6°。

（6）选中分针模型，打开角度捕捉，将时间滑块拖动到0 s位置，单击动画面板上的"自动关键帧"按钮。此时，分针在0 s处会自动创建一个关键帧，然后将时间滑块拖动到1 s位置处，让分针绕Y轴顺时针旋转6°，如图10-31所示。由于打开了角度捕捉，所以顺时针旋转一个单位即可。

图10-31　制作旋转动画

（7）关闭"自动关键点"，此时动画设置完成。单击动画面板"播放动画"可观看动画效果。

（8）若要进行长时间动画播放，可打开"时间配置"对话框，将结束时间设置为3 min。依照以上操作步骤，在时间线上2 min和3 min位置创建关键帧，并分别为秒针模型和分针模型设置关键帧状态。

10.5　导入Unity

在3ds Max中完成模型和动画创建之后，下一步就需要将创建的资源导入Unity中。本节将学习如何将3ds Max中的资源导出到Unity中，并保证动画和贴图资源在Unity中能够正常显示。

（1）打开之前创建的时钟模型，选中需要导出的模型资源，单击菜单中的"导出>导出选定对象"命令，如图10-32所示。"导出选定对象"仅导出用户所框选场景中的对象；而"导出"则会将场景中隐藏的模型全部导出；"导出为DWF"则是将MAX文件转换为DWF文件，方便在CAD中进行编辑。

扫一扫

导入Unity

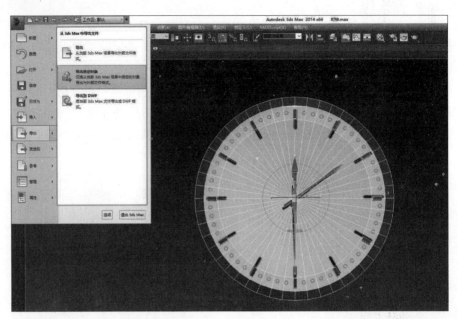

图10-32 导出选中对象

（2）选择"导出选定对象"命令后，会弹出"导出文件"对话框，在这里设置导出文件名为"Clock"，选择合适的导出路径，保存类型设置为FBX格式。

（3）单击"保存"按钮后会弹出"FBX导出"对话框。由于用户设置了模型的贴图和动画，所以在FBX导出设置时，需要勾选动画下的"动画"复选框和嵌入的媒体下的"嵌入的媒体"复选框，效果如图10-33所示。该设置会保证用户所设置的动画以及贴图能够随着模型一起导出，在后期导入到Unity中不会丢失。

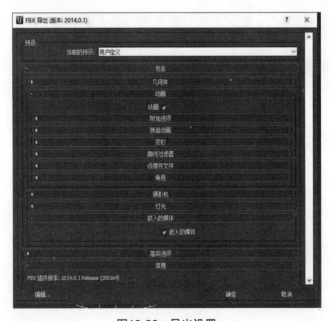

图10-33 导出设置

(4）单击"确定"按钮后，在相应的路径下，会看见名称为"Clock"的FBX文件。现在创建Unity工程，并在Asset资源文件夹下创建名为Clock的文件夹，将FBX文件拖入文件夹中，即可导入资源，如图10-34所示。

图10-34　Unity中导入资源

（5）将导入的模型资源拖入场景中，会发现模型的贴图和动画都处于丢失状态，此时需要更改资源导入设置。选中Clock中的模型资源，在Inspector面板中设置Rig面板中的Animation Type为Legacy，如图10-35所示；设置Meterials面板中Location为Use External Materials（Legacy），单击"Apply"按钮，如图10-36所示，此时贴图资源和动画资源便会导入文件夹中，如图10-37所示。

图10-35　Rig设置

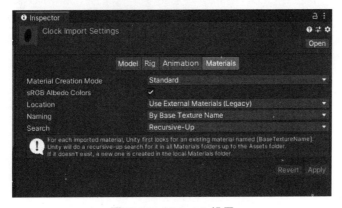

图10-36　Materials设置

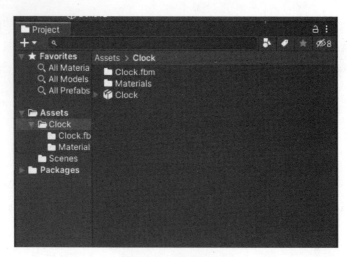

图10-37　设置后状态

（6）此时，场景中的模型便会自动附着上材质球与贴图，模型也会自动添加Animation组件，如图10-38所示。

（7）此时可以对场景中的模型材质球进行调整，打开表盘模型的材质球，可以通过调整Albedo颜色来调整模型亮度。同时还可以通过Metallic和Smoothness调整模型的金属化程度和平滑程度，如图10-39所示。

（8）由于在3ds Max中没有为指针单独设置材质球，可以在Unity中创建名为Pin的Material材质球，并设置颜色和金属化程度，为指针附着新的材质球。效果如图10-40所示。

至此，完成了模型导入到Unity的过程。

图10-38　模型导入场景

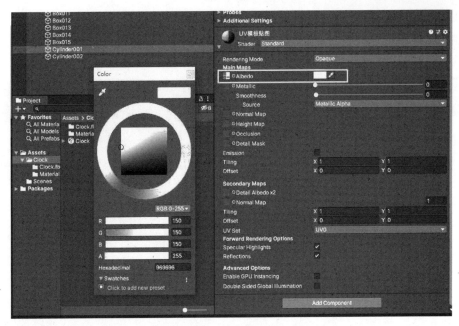

图10-39　调整材质球

图10-40　调整效果

10.6　场景搭建

由于Unity 3D仅能创建基本模型，不具备模型制作能力，所以模型资源通常是在三维建模软件中完成，然后导入Unity中。模型资源导入之后，需要在Unity中对所有资源大小和位置进行调整，从而完成场景搭建。本节将结合书中附带的资源，进行场景搭建，从而开展后续交互环节的工作。

（1）新建Unity工程文件，将书本附带资源InDoor.Unitypackage文件导入新建工程

扫一扫

场景搭建

文件中，在3D Scene文件夹下打开场景Indoor。Indoor场景中搭建了一个室内场景。现将上一小节中所创建的时钟模型导入该场景中，如图10-41所示。

图10-41　导入资源

（2）将时钟模型Transform组件Scale属性中的X、Y、Z的大小均设置为0.5。调整时钟的位置，使得时钟模型能够贴在室内场景的墙壁上，效果如图10-42所示。

（3）导入的时钟模型是带有动画的，查看时钟模型的Inspector面板，检查Animation组件是否挂载，若没有挂载，则手动挂载Animation，并为Animation组件添加Take 001动画资源，如图10-43所示。

图10-42　调整时钟位置

图10-43　时钟设置

（4）此时，调整场景摄像机的位置，让摄像机视角正对时钟模型，开始运行Unity，可以看到时钟动画自动播放。

10.7 美术及特效设计

Unity中的美术及特效是项目制作过程中的重要环节。美术及特效包含场景的灯光、天空盒、雾特效和粒子特效等。良好的美术及特效能够丰富场景元素，提升虚拟场景的视觉效果。本节在前期搭建好的场景上添加灯光效果，为场景增加一定的氛围效果。

扫一扫

美术及特效设计

（1）打开Indoor场景，场景中为了保证场景搭建，所以自带有相应的光源。现关闭场景中3D MODELS下的Directional Light和Point Light，此时室内场景光源消失，仅能够从窗户处透过室外的少许光线。

（2）在Hierarchy面板中创建一个空对象，命名为LightGroup，后续在空对象下创建场景中的灯光效果。

（3）选中LightGroup，右击，选择"Light>SpotLight"，创建一个射灯。调整SpotLight中的Range和SpotAngle到合适的参数，将射灯的位置移动到餐桌上方的吊灯模型处，模拟吊灯效果，如图10-44所示。

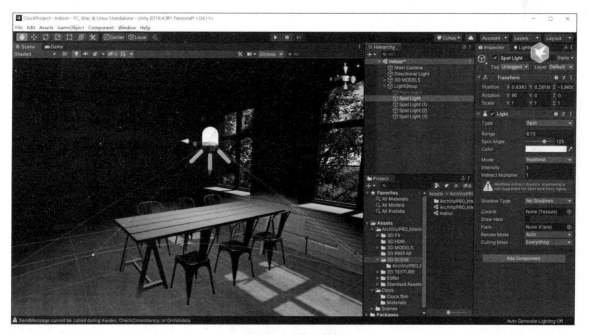

图10-44 添加射灯

（4）选择SpotLight，按【Ctrl+D】组合键，迅速复制一个射灯，并将射灯位置移动到沙发旁的灯具位置，效果如图10-45所示。

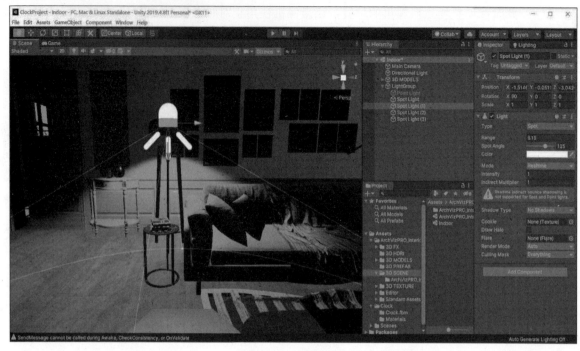

图10-45 复制射灯

（5）按照此方法，为场景中类似灯具位置添加射灯，场景中部分区域被射灯点亮，如图10-46所示。然由于射灯具有方向性，导致室内场景的上半部任然处于较为黑暗的状态。

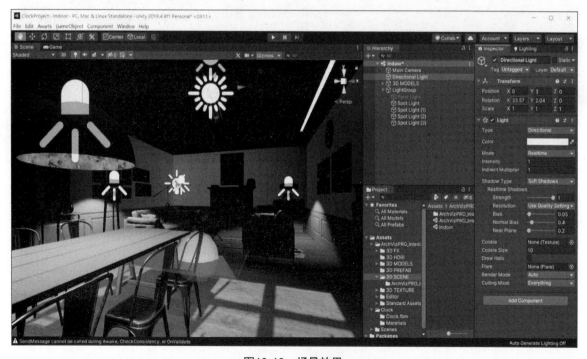

图10-46 场景效果

(6)接下来解决场景黑暗的问题,在LightGroup下创建PointLight。为了防止点光源在墙壁上产生强烈的反光效果,需将点光源的强度和影响半径降低,并将点光源位置调整到场景的中心位置。点光源属性参数设置如图10-47所示。

(7)为了保证墙壁上的时钟模型能够被看见,可以在屋顶设置一组灯带。灯带的制作其实是由多个点光源组成。在场景中新建一个PointLight。

(8)为新建的点光源添加光晕效果。导入书中自带的贴图资源"01",导入到Texture文件夹中,并在Texture文件夹中新建Lens Fare文件,将"01"贴图赋给Lens Fare中的Flare Texture属性。根据场景灯光效果,适当调整Elements中的Size参数大小,保证在场景中可以看到光晕效果。将点光源调整位置,移动到天花板的灯带位置处。效果如图10-48所示。

(9)选中刚刚创建的点光源,按【Ctrl+D】组合键快速复制多个,并将他们沿着灯带平均分布,创建灯带效果。效果如图10-49所示。

图10-47 点光源参数设置

图10-48 光晕效果

图10-49　场景效果

10.8　交互开发

通过本章前几节的制作，用户已经完成场景搭建和美化环节，接下来需要实现交互功能。交互功能的实现需要借助终端设备，虚拟现实应用程序不但提供常用PC端输入设备的交互方法，还提供特殊的VR穿戴设备的交互方法。虚拟现实系统常用的可穿戴设备有HTC VIVE、HTC VIVE Cosmos、三星GearVR等。本案例以HTC VIVE设备为例。首先，需要在Unity商城中下载HTC VIVE开发所对应的插件——SteamVR Plugin。

（1）单击"Windows>Assets Store"，打开Unity的资源商城，在搜索栏中搜索SteamVR Plugin，并下载导入。Assets资源文件夹中出现SteamVR等资源文件夹，如图10-50所示。

（2）在资源面板搜索框中搜索Player，找到Player的预制体，将预制体拖入场景中，并删除场景中其他的摄像机。

（3）搭建好HTC VIVE的硬件环境。HTC VIVE硬件环境主要包括两个定位器、两只交互手柄和一个头盔，将定位器按照面对面方式摆放通电，将头盔通电，并与计算机网卡端口连接。

（4）配置PC端的软件环境。硬件环境搭建完毕后，需在PC端配置软件环境，用户需要安装

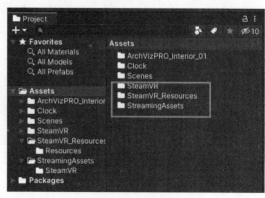

图10-50　资源文件

Steam和SteamVR两个软件，保证硬件环境运行。用户可以登录HTC VIVE官方网站，下载VIVE设置向导，来进行软件环境搭建。

（5）本案例中，介绍两个简单且常用的交互方法。使用手柄进行瞬移和使用手柄进行抓取。首先在场景中新建Plane，将Plane拖到合适的位置进行缩放，作为瞬移的交互地面。效果如图10-51所示。

图10-51 添加交互地面

（6）在资源面板中搜索Teleporting预制体，将预制体拖入场景中。然后选中新建的Plane对象，在Inspect面板中添加Teleport Area组件，至此已经完成瞬移交互的准备工作。运行场景，拿起手柄，点击拨盘，手柄会发射一条射线，松开拨盘，视角则会运动到射线触碰到的位置。

（7）接下来需要实现抓取功能。选择场景中的合适对象，如书架上的书和桌子旁的椅子，选中所需要抓取的对象，在Inspector面板中添加Throwable组件，即可完成抓取交互的准备工作。运行场景，拿起手柄，将手柄移动到想要拾取的对象上，扣动扳机，对象则会被手柄抓取，跟随手柄移动。松开扳机，对象则会与手柄分离。

小 结

本章通过一个实际案例，为大家展示了从模型创建、贴图、动画、导入Unity再到Unity中的美术及特效设置和交互开发等虚拟现实项目开发全流程环节。让读者了解到一个虚拟现实项目开发的过程，希望通过该案例的学习，能够帮助读者快速掌握虚拟现实项目开发的基础技术。

虽然本章节案例内容看似简单，却具有较强的实践性，能考察读者的动手能力。读者需要反复实践，才能深度理解应用技术，并在应用过程中不断巩固相关知识和相关组件的应用技巧，从而提升自身交互开发能力。

习 题

1. 请使用3ds Max创建一个沙发模型,并绘制多个不同种类质感的贴图。
2. 基于本案例中的Unity虚拟场景,将所创建的沙发模型导入虚拟场景中,并放置到合适位置。将所绘制的贴图也导入Unity资源文件夹中。
3. 使用HTC VIVE为沙发添加材质选择与更换的交互功能。